中等职业学校计算机系列教材

zhongdeng zhiye xuexiao jisuanji xilie jiaocai

计算机图形图像处理
Photoshop CS3 中文版

（第2版）

郭万军 主编

严伟 郦发仲 花伟 副主编

人民邮电出版社

北 京

图书在版编目（ＣＩＰ）数据

计算机图形图像处理Photoshop CS3：中文版／郭万军主编. -- 2版. -- 北京：人民邮电出版社，2013.9（2021.7重印）
中等职业学校计算机系列教材
ISBN 978-7-115-30952-5

Ⅰ. ①计… Ⅱ. ①郭… Ⅲ. ①图象处理软件－中等专业学校－教材 Ⅳ. ①TP391.41

中国版本图书馆CIP数据核字(2013)第067193号

内 容 提 要

本书以介绍实际工作中常见的平面作品的设计方法为主线，重点介绍利用 Photoshop CS3 中文版进行平面设计的基本方法。全书共有 11 个项目，包括标志设计与卡通绘制、企业办公用品及礼品设计、企业 POP 挂旗与指示牌设计、宣传品设计、服装设计、照片处理、网络广告设计、店面装潢设计、报纸广告设计、包装设计及特效制作。各项目都以实例操作为主，每个任务都有详尽的操作步骤。每个项目中除讲解典型案例外，还提供了让读者自己动手操作的实训，以巩固所学的知识。

本书可作为中等职业学校"计算机平面设计"课程的教材，也可供各类平面设计专业人员以及电脑美术爱好者学习参考。

◆ 主　　编　郭万军
　　副主编　严　伟　郦发仲　花　伟
　　责任编辑　王　平
　　责任印制　杨林杰

◆ 人民邮电出版社出版发行　　北京市丰台区成寿寺路 11 号
　　邮编　100164　　电子邮件　315@ptpress.com.cn
　　网址　http://www.ptpress.com.cn
　　固安县铭成印刷有限公司印刷

◆ 开本：787×1092　1/16
　　印张：16　　　　　　　　　　　2013 年 9 月第 2 版
　　字数：392 千字　　　　　　　　2021 年 7 月河北第 16 次印刷

定价：32.00 元

读者服务热线：(010)81055256　印装质量热线：(010)81055316
反盗版热线：(010)81055315
广告经营许可证：京东市监广登字20170147号

第 2 版前言

随着计算机艺术设计相关产业的迅速发展，职业学校的计算机艺术设计类教学工作也应该根据社会不同领域的业务需要开拓新的思路。目前职业学校计算机课程教学存在的主要问题是，传统的教学内容与方法无法适应现代艺术设计产业的实际需要，本教材的编写，就是要尝试打破原来的学科知识体系，按现代艺术设计企业的业务范围来构建技能培训体系，即任务→设计步骤图解→设计思路→步骤解析→项目实训，使学生技能与企业的需求达到一致。

本书是依据不同艺术设计行业职业技能鉴定规范，并根据社会中相关设计公司的实际业务范围而编写的。教材的内容主要包括标志设计与卡通绘制、企业办公用品及礼品设计、企业POP挂旗与指示牌设计、宣传品设计、服装设计、照片处理、网络广告设计、店面装潢设计、报纸广告设计、包装设计及特效制作等。通过本课程学习，学生将具备从事广告设计公司、装饰公司、图书出版公司、影视文化传播公司、新闻传媒公司、网络公司、包装设计公司、展览与展示设计公司、服装设计公司等企业的基本工作技能，帮助学生胜任计算机图形图像处理领域的设计任务。

本书既强调基础工具和命令的训练，又力求体现新知识、新创意、新理念，教学内容与国家职业技能鉴定规范相结合。在编写体例上采用新的形式，简洁的文字表述，加上大量设计流程示意图，直观明了，便于读者学习。本教材注重理论和实践的结合，对相关的知识点，设置了"说明"小栏目，并通过配套的技能训练项目来加强学生技能的培养。

本课程的教学时数为72学时，各项目的参考学时见以下的课时分配表。

项 目	课 程 内 容	课 时 分 配	
		讲授	实践训练
项目一	标志设计与卡通绘制	3	3
项目二	企业办公用品及礼品设计	2	2
项目三	企业 POP 挂旗与指示牌设计	3	3
项目四	宣传品设计	4	4
项目五	服装设计	3	3
项目六	照片处理	3	4
项目七	网络广告设计	4	4
项目八	店面装潢设计	3	4
项目九	报纸广告设计	3	4
项目十	包装设计	4	4
项目十一	特效制作	2	3
课 时 总 计		34	38

本书由郭万军任主编，重庆荣昌职教中心严伟、丹阳市中等专业学校郦发仲、徐州二中花伟任副主编，参加编写工作的还有沈精虎、黄业清、宋一兵、谭雪松、向先波、冯辉、计晓明、滕玲、董彩霞、管振起等。由于作者水平有限，书中难免存在疏漏之处，敬请广大读者指正。

编　者

2013 年 4 月

目 录

标志设计与卡通绘制

标志是企业视觉传达设计的基础，几乎任何企业或商品都有突出自己鲜明特征的标志或商标，所以任何有关平面设计的工作都离不开标志的设计与应用。

标志设计作为一项独立的具有独特构思的设计活动，在设计时要有自身的规律和设计构思，在方寸之间它要体现出多方位的设计理念。成功的标志在设计构思时要尽可能体现以下的几方面：强、美、独、象征。

本项目设计的标志及绘制的卡通图形如图 1-1 所示。

图1-1 绘制完成的标志及卡通图形

学习目标

了解 Photoshop CS3 的应用领域。

熟悉标志的设计过程及绘制卡通图形的方法。

掌握设置颜色的方法。

学习【自定形状】工具的应用。

学习【编辑】/【自由变换】命令的应用。

熟悉【钢笔】工具和【转换点】工具的使用方法。

学习【渐变】工具的应用。

掌握【图层】的作用及应用。

学习【画笔】工具的应用。

了解【减淡】工具和【加深】工具的作用及应用。

任务一 案例赏析及相关约定

在学习 Photoshop CS3 之前，先来欣赏一些利用该软件制作出的作品，以激发读者对该软件的学习兴趣，然后介绍本书中的相关约定。

（一）案例赏析

(1) 对普通的老照片进行翻新处理后的效果如图 1-2 所示。

图1-2 对普通老照片翻新处理后的效果

(2) 按照需要调整图像颜色，效果如图 1-3 所示。

图1-3 调整图像颜色后的效果

(3) 合成数码照片及制作的相册版面效果如图 1-4 所示。

图1-4 合成的数码照片及制作的相册版面效果

(4) 绘制的几何体、国画、实物图及卡通画效果如图 1-5 所示。

(5) 结合【滤镜】命令制作的各种特效如图 1-6 所示。

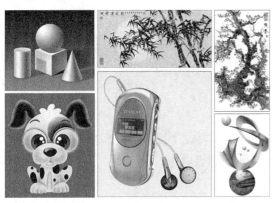

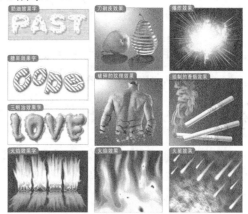

图1-5 绘制的几何体、国画、实物图及卡通画效果　　　　图1-6 结合【滤镜】命令制作的特殊效果

(6) 设计的 POP 挂旗、户外广告、包装效果等如图 1-7 所示。

(7) 设计的网页和网页广告及对效果图进行的后期处理作品如图 1-8 所示。

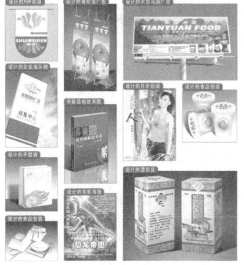

图1-7 设计的 POP 广告、户外广告及包装效果　　　图1-8 设计的网页和网页广告及对效果图进行后期处理后的效果

（二）相关约定

屏幕上的鼠标光标表示鼠标光标所处的位置，当移动鼠标时，屏幕上的鼠标光标就会随之移动。通常情况下，鼠标光标的形状是一个左指向的箭头。在某些特殊操作状态下，鼠标光标的形状会发生变化。为了叙述上的方便，约定如下。

- 移动：在不按鼠标键的情况下移动鼠标，将鼠标光标指到某一位置。
- 单击：快速按下并释放鼠标左键。单击可用来选择屏幕上的对象。除非特别说明，以后所出现的单击都是指用鼠标左键。
- 双击：快速连续单击鼠标左键两次。双击通常用来打开对象。除非特别说明，以后所出现的双击都是指用鼠标左键。

- 拖曳：按住鼠标左键不放，并移动鼠标光标到一个新位置，然后松开鼠标左键。拖曳操作可用来选择、移动、复制和绘制图形。除非特别说明，以后所出现的拖曳都是指按住鼠标左键。
- 右击：快速按下并释放鼠标右键。这个操作通常弹出一个快捷菜单。
- 拖曳并右击：按住鼠标左键不放，移动鼠标到一个新位置，然后在不松开鼠标左键的情况下单击鼠标右键。

任务二　意合咖啡标志设计

本任务主要利用【矩形选框】工具、【椭圆选框】工具、【直线】工具和【文字】工具，并结合移动复制操作的【编辑】/【变换】命令来设计意合咖啡的标志。

【步骤图解】

标志图形的绘制过程示意图如图 1-9 所示。

灵活运用各选区工具绘制出标志的基本图形　利用直线工具绘制线形　添加咖啡杯图形及文字，完成标志设计

图1-9　标志图形的绘制过程示意图

【设计思路】

该标志外形采用标签形式进行组合设计，横向图形是一个条形咖啡袋，中间的椭圆形表示咖啡豆。椭圆形里面的杯子里装满了热气腾腾的咖啡，给人以浓香咖啡的诱惑力，且主题明确突出。色彩采用了中黄色及深褐色，与咖啡的颜色协调统一，给人以暖暖的亲和力。

【步骤解析】

1. 执行【文件】/【新建】命令（快捷键为 Ctrl+N 组合键），弹出【新建】对话框，设置各项参数如图 1-10 所示，然后单击 确定 按钮，创建一个新图像文件。
2. 单击【图层】面板下方的 按钮，新建"图层 1"，然后选择 工具，绘制出如图 1-11 所示的矩形选区。

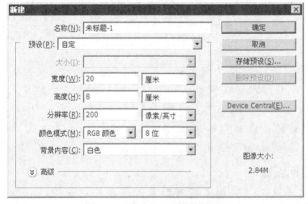

图1-10　【新建】对话框参数设置　　　　图1-11　绘制的选区

3. 在工具箱底部有两个按钮分别用来设置前景色和背景色，如图 1-12 所示。

4. 单击前景色按钮，在弹出的【拾色器】对话框中设置颜色参数如图 1-13 所示，单击 确定 按钮。

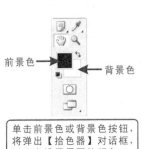

图1-12 前景色和背景色

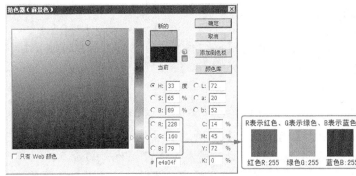

图1-13 设置的颜色

5. 按 Alt+Delete 组合键，为选区填充前景色，效果如图 1-14 所示。

6. 选择 ⬭ 工具，绘制出如图 1-15 所示的椭圆形选区，然后按 Delete 键，将选择的内容删除。

图1-14 填充颜色后的效果

图1-15 绘制的选区

7. 利用 ⬭ 工具，按住 Shift 键，将鼠标光标放置到选区内，按住鼠标左键并向右拖曳，将椭圆选区水平向右移动至如图 1-16 所示的位置。

8. 按 Delete 键，将选择的内容删除，然后继续利用 ⬭ 工具，绘制出如图 1-17 所示的椭圆形选区，并按 Delete 键，将选择的内容删除。

图1-16 移动后的选区位置

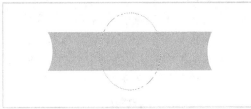

图1-17 绘制的选区

9. 单击【图层】面板下方的 ⬛ 按钮，新建"图层 2"，然后将前景色设置为橘黄色（R:220,G:122,B:0）。

在以后的操作步骤中在要给出颜色参数值时，如遇到参数为"0"的数值将不再写出，如上面的橘黄色（R:220,G:122,B:0），将省略为橘黄色（R:220,G:122）。

10. 执行【编辑】/【描边】命令，在弹出的【描边】对话框中设置参数如图 1-18 所示，然后单击 确定 按钮，描边后的效果如图 1-19 所示。

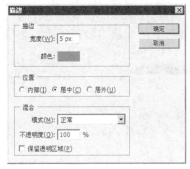

图1-18 【描边】对话框

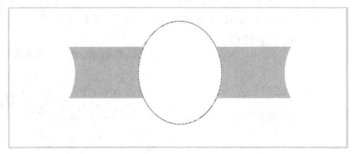

图1-19 描边后的效果

11. 执行【选择】/【变换选区】命令，为选区添加自由变换框，然后将属性栏中 W:90% ⊗ H:90.0% 选项的参数都设置为"90%"。

12. 按 Enter 键，确认选区的变换操作，变换后的选区形态如图 1-20 所示。

13. 新建"图层 3"，然后将前景色设置为红褐色（R:100,G:35）。

14. 按 Alt+Delete 组合键，为选区填充前景色，效果如图 1-21 所示，然后按 Ctrl+D 组合键，将选区去除。

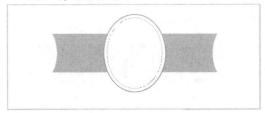

图1-20 变换后的选区形态

图1-21 填充颜色后的效果

当前景色和背景色设置完成后，按 Alt+Delete 组合键可以在选区或画面中填充前景色；按 Ctrl+Delete 组合键可以在选区或画面中填充背景色。按 Alt+Shift+Delete 组合键可以在画面或选区内的不透明区域填充前景色，而透明区域仍保持透明；按 Ctrl+Shift+Delete 组合键可以在画面中不透明区域填充背景色。

15. 在【图层】面板的"图层 1"上单击，将"图层 1"设置为当前层，再利用 ▣ 工具，绘制出如图 1-22 所示的矩形选区，然后按 Delete 键，将选择的内容删除。

16. 利用 ▣ 工具，按住 Shift 键，将鼠标光标放置到选区内，然后按住鼠标左键并向下拖曳，将矩形选区垂直向下移动至如图 1-23 所示的位置。

图1-22 绘制的选区

图1-23 移动后的选区位置

17. 按 Delete 键，将选区中的内容删除，然后按 Ctrl+D 组合键，将选区去除，删除后的图形效果如图 1-24 所示。

图1-24　删除后的图形效果

18. 选择 ◯ 工具，绘制出如图 1-25 所示的圆形选区，然后激活属性栏中的 ⬚ 按钮，在画面中绘制选区与原选区相减，状态如图 1-26 所示，修剪后的选区形态如图 1-27 所示。

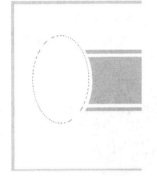

图1-25　绘制的选区

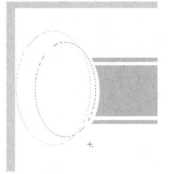

图1-26　修剪选区时的状态

图1-27　修剪后的选区形态

【功能链接】

利用选框工具除了可以绘制各种基本形状的选区外，还可以结合属性栏中的运算按钮将选区进行相加、相减和相交运算。

* 【新选区】按钮 ⬚：默认状态下此按钮处于激活状态，此时在图像中依次绘制选区时，图像中将始终保留最后一次绘制的选区。
* 【添加到选区】按钮 ⬚：激活此按钮，在图像中依次绘制选区，新建的选区将与先绘制的选区合并为一个选区。
* 【从选区减去】按钮 ⬚：激活此按钮，在图像中依次绘制选区，如果新建的选区与先绘制的选区有相交部分，则从先绘制的选区中减去相交部分，并将剩余的选区作为新选区。
* 【与选区交叉】按钮 ⬚：激活此按钮，在图像中依次绘制选区，如果新建的选区与先绘制的选区有相交部分，将把相交部分作为一个新选区。如果新选区与先绘制的选区没有相交部分，将弹出警告对话框，警告未选择任何像素。

19. 新建"图层 4"，为选区填充上红褐色（R:100,G:35），然后选择 ⬚ 工具，并按住 Alt 键，向右移动选区内的图形，将图形移动复制，复制出的图形如图 1-28 所示。

> 利用 ⬚ 工具移动图形时，按住 Alt 键拖曳鼠标可将图形复制。若同时按住 Shift+Alt 组合键拖曳鼠标，可以在垂直或水平方向上移动复制图形。无论当前使用的是什么工具，同时按住 Ctrl+Alt 组合键拖曳鼠标，也可以将图形进行复制。当同时按住 Shift+Ctrl+Alt 组合键拖曳鼠标，同样可以垂直或者水平移动复制图形。

20. 执行【编辑】/【变换】/【水平翻转】命令，将复制出的图形水平翻转，再将其移动至如图 1-29 所示的位置，然后按 Ctrl+D 组合键，将选区去除。

图1-28　复制出的图形

图1-29　图形放置的位置

在【编辑】/【变换】命令的子菜单中选择【旋转 180 度】、【旋转 90 度（顺时针）】、【旋转 90 度（逆时针）】、【水平翻转】或【垂直翻转】等命令，可以将选择的图像旋转 180°、顺时针旋转 90°、逆时针旋转 90°、水平翻转或垂直翻转。

21. 选择 ⊙ 工具，用与步骤 18 相同的方法，修剪出如图 1-30 所示的选区形态。

22. 选择 ⊡ 工具，确认属性栏中的 按钮处于激活状态，在画面中绘制选区与原选区进行相减，状态如图 1-31 所示，修剪后的选区形态如图 1-32 所示。

图1-30　修剪后的选区形态

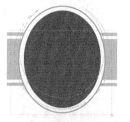

图1-31　修剪选区时的状态

23. 新建"图层 5"，为选区填充上红褐色（R:100,G:35），效果如图 1-33 所示。

图1-32　修剪后的选区形态

图1-33　填充颜色后的效果

24. 按住 Ctrl+Alt 组合键，将鼠标光标移动至选区内，按住鼠标左键并向下拖曳，将图形移动复制。

25. 执行【编辑】/【变换】/【垂直翻转】命令，将复制出的图形垂直翻转，再将其移动至如图 1-34 所示的位置，然后按 Ctrl+D 组合键，将选区去除。

26. 新建"图层 6"，利用 ⊡ 工具绘制出如图 1-35 所示的红褐色（R:100,G:35）矩形。

图1-34　图形放置的位置

图1-35　绘制的图形

27. 用与步骤 24 相同的方法，依次复制出如图 1-36 所示的矩形，然后按 Ctrl+D 组合键，将选区去除。

图1-36 复制出的矩形

28. 新建"图层 7"，然后将前景色设置为深黄色（R:228,G:160,B:80）。

29. 选择 ＼ 工具，激活属性栏中的 □ 按钮，并将 粗细: `5 px` 的参数设置为"5 px"，然后按住 Shift 键，绘制出如图 1-37 所示的直线。

　　　激活 □ 按钮，可以绘制用前景色填充的图形，但不在【图层】面板中生成新图层，也不在【路径】面板中生成工作路径。

【功能链接】

利用形状图形工具可以快速地绘制各种简单的形状图形，包括矩形、圆角矩形、椭圆、多边形、直线或任意的自定义形状的图形。

- 选择【矩形】工具 □，可以绘制矩形或路径。
- 选择【圆角矩形】工具 □，可以绘制带有圆角效果的矩形或路径。
- 选择【椭圆】工具 ○，可以绘制椭圆图形或路径。
- 选择【多边形】工具 ○，可以创建任意边数（3~100）的多边形或各种星形图形。属性栏中的【边】选项，用于设置多边形或星形的边数。
- 选择【直线】工具 ＼，可以绘制直线或带箭头的直线图形。通过设置【直线】工具属性栏中的【粗细】选项，可以设置绘制直线或带箭头直线的粗细。
- 选择【自定形状】工具 ✿，可以绘制各种不规则的图形或路径。单击属性栏中的【形状】按钮 ✿，可在弹出的【形状】选项面板中选择读者需要绘制的形状图形；单击【形状】选项面板右上角的 ▶ 按钮，可加载系统自带的其他自定形状。

30. 按住 Ctrl 键，单击"图层 7"左侧的图层缩览图添加选区，然后按住 Ctrl+Alt 组合键，将鼠标光标移动至选区内，按住鼠标左键并向下拖曳，移动复制线形，复制出的直线如图 1-38 所示。

图1-37 绘制出的直线

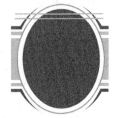

图1-38 复制出的直线

31. 用与步骤 30 相同的方法，依次复制出如图 1-39 所示的直线。

32. 按住 Ctrl 键，单击"图层 3"左侧的图层缩览图添加选区，然后按 Shift+Ctrl+I 组合键，将选区反选。

33. 确认"图层 7"为当前层，按 Delete 键，将选区中的内容删除，效果如图 1-40 所示，然后按 Ctrl+D 组合键，将选区去除。

图1-39　复制出的直线

图1-40　删除后的效果

34. 按 Ctrl+O 组合键，将附盘中 "图库\第 01 章" 目录下名为 "咖啡杯.psd" 的图片打开，并将其移动复制到新建文件中生成 "图层 8"。

35. 执行【编辑】/【自由变换】命令或按 Ctrl+T 组合键，为 "图层 8" 中的图像添加自由变换框，并将其调整至如图 1-41 所示的形态，然后按 Enter 键确认图像的变换操作。

【功能链接】

执行【编辑】/【自由变换】命令，可以直接利用鼠标对图像进行变换操作，缩放图像的具体操作如下。

将鼠标光标放置到变换框各边中间的调节点上，待鼠标光标显示为↔或↕形状时，按下鼠标左键左右或上下拖曳鼠标光标，可以水平或垂直缩放图像。将鼠标光标放置到变换框 4 个角的调节点上，待鼠标光标显示为↖或↗形状时，按下鼠标左键拖曳鼠标光标，可以任意缩放图像；此时，按住 Shift 键可以等比例缩放图像；按住 Alt+Shift 组合键可以以变换框的调节中心为基准等比例缩放图像。

36. 将 "图层 7" 设置为当前层，再单击【图层】面板下方的 按钮，在 "图层 8" 的下方新建 "图层 9"。

37. 确认前景色为红褐色（R:100,G:35），选择 工具，将属性栏中的 画笔 参数设置为 "80"，然后在画面中的杯子周围拖曳鼠标光标，喷绘出如图 1-42 所示的图形。

图1-41　调整后的图像形态

图1-42　喷绘出的图形

38. 利用 T 工具，输入如图 1-43 所示的红褐色（R:100,G:35）文字。

图1-43　输入的文字

39. 执行【文件】/【存储】命令（快捷键为 Ctrl+S 组合键），弹出【存储为】对话框，在此对话框中可设置文件的名称、所要保存的格式以及存储路径等。

40. 单击 按钮，创建一个新文件夹，然后在创建的新文件夹名称文本框中输入"项目一"文字，作为文件夹的名称。

41. 单击 打开(O) 按钮，将创建的"项目一"文件夹打开，在【文件名】文本框中输入"意合咖啡标志"。

42. 单击 保存(S) 按钮，完成作品的存储。

【视野拓展】——标志的表现形式

标志作为一种企业识别符号，具有极强的设计性，在设计的形式与组合方面有自己独特的表现形式，设计时既要考虑突出标志的组合形式，还要突出标志独特的艺术语言和规律。标志的表现形式与组合大致有如下几种类型。

(1) 图形组合。

用具有象图形作为标志的主体要素，该图形一般是商品品牌或公共活动主题的形象化。它的最大特色是力求图形简洁、概括，有较强的视觉冲击力，如图 1-44 所示。

(2) 汉字组合。

汉字作为标志设计的主体，有相当久远的历史。汉字的组合需要选择适当的字体与字形，书法艺术中的真、草、隶、篆，美术字中的各类字体都可作为标志设计的素材。汉字组合的标志，要遵循易识、易记的原则，使这种特殊形式的表现更加丰富多彩、千变万化，视觉效果要强烈突出，如图 1-45 所示。

图1-44 图形组合标志

图1-45 汉字组合标志

(3) 汉字与图形组合。

此类形式的组合有图文并茂的艺术效果。有的以图形为主，把汉字进行装饰变化成为特定的图形，如"心心相印"牌抽纸。也可以文字为主，附加以适当的图形进行装饰，这种标志组合时应注意整体风格的协调统一，自然天成，切忌生拼硬凑，视觉形象模糊，如图 1-46 所示。

(4) 外文组合。

外文组合包括英文字母、汉语拼音字母及拉丁字母的组合。外文组合可用品牌的全称字母进行组合，也可用其中某个代表性的字母单体进行设计。有的单纯洗练，有的庄重朴实，有的轻盈活泼，有的典雅华贵。要根据特定的环境及要求，体现独特的创意思想，突出个性；结构要严谨，注意笔画间的方向转换、大小对比、高低呼应、结构的穿插，如图 1-47 所示。

图1-46 汉字与图形组合标志

图1-47 外文组合标志

外文图形的组合要注意字母与图形的完整和统一性，结构要严谨，图形特点要鲜明、集中，视觉性强，如图 1-48 所示。

（5）汉字与外文字母组合。

这类"中西合壁"的形式，要有机地体现东方的审美情趣与西方美的情调。注重汉字与外文字的协调统一，汉字的笔画可巧妙地用外文字取代，也可表音与表意相结合，组成新单字或字组。另外可用外文字母包容汉字把汉字嵌入图形，构成完整的画面。这类组合在造型上有较大的差异，设计中要认真分析有否组合的可行和必要，避免由于"硬性搭配"而破坏图形的视觉效果，如图 1-49 所示。

图1-48 外文与图形组合标志

图1-49 汉字与外文字母组合标志

（6）数字组合。

数字组合分汉字数字与阿拉伯数字组合。前者类似汉字组合，阿拉伯数字由于其本身的形式美和可塑性，常常作为标志设计的素材，它多为独立使用，有时也与其他图形相结合，成为一种形象鲜明的综合形象标志。如"三九集团"的"999"标志，"555"牌香烟标志等，如图 1-50 所示。

（7）抽象组合。

抽象组合基本是利用几何形体或其他构成图形等组成标志的。它体现了严谨感和律动感，具有想象力的特性，能拓展出更加广阔的联想空间。它用相对抽象的形式符号来表达事物本质的特征。抽象组合有的属于一种象征意义表达，有的表义较为含蓄，有的则含糊不清，与所表达的事物在本质上没有任何联系，但都具有特定的象征意义，如图 1-51 所示。

图1-50 数字组合标志

图1-51 抽象组合标志

任务三 艾林之鸟服饰标志设计

本任务主要利用【钢笔】工具、【渐变】工具和【文字】工具来设计艾林之鸟服饰标志。通过本例的制作，希望读者能熟练掌握【钢笔】工具的使用方法，并能够快速地调整路径。

【步骤图解】

标志图形的绘制过程示意图如图 1-52 所示。

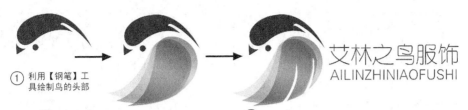

① 利用【钢笔】工
具绘制鸟的头部

② 利用【钢笔】工具和【渐变】工具绘制鸟的翅膀 　③ 对翅膀进行修剪，然后输入文字，即可完成标志设计

图1-52 标志图形的绘制过程示意图

【设计思路】

该标志是由鸟的头部以及树叶组成的一只展开翅膀正在树林中自由自在飞翔的鸟儿，体现了艾林之鸟服饰轻柔、温暖的质感，寓意该品牌服饰贴近人们的生活，并给人以高贵典雅的印象。色彩采用了深红和黄绿对比色，协调且兼具视觉的对比冲击力。

【步骤解析】

1. 按 Ctrl+N 组合键，创建一个【宽度】为"20 厘米"、【高度】为"13 厘米"、【分辨率】为"150 像素/英寸"、【颜色模式】为"RGB 颜色"、【背景内容】为"白色"的文件。

2. 选择 ✎ 工具，并激活属性栏中的 ▨ 按钮，然后将鼠标光标移动到画面中的适当位置按下鼠标左键并拖曳，确定钢笔路径的起点，状态如图 1-53 所示。

> 激活属性栏中的 ▨ 按钮，可以创建普通的工作路径，此时不在【图层】面板中生成新图层，仅在【路径】面板中生成路径层。

3. 移动鼠标光标至适当位置后，再次按下鼠标左键并拖曳，确定第 2 个锚点，如图 1-54 所示。

4. 依次移动鼠标光标并单击，确定路径的其他锚点，如图 1-55 所示。

图1-53 拖曳鼠标状态　　　　　图1-54 确定的第二点　　　　　图1-55 确定其他锚点

【功能链接】

利用【钢笔】工具 ✎ 在图像文件中依次单击，可以创建直线路径；拖曳鼠标光标可以创建平滑流畅的曲线路径。将鼠标光标移动到第一个锚点上，当笔尖旁出现小圆圈时单击可创建闭合路径。在未闭合路径之前按住 Ctrl 键在路径外单击，可完成开放路径的绘制。

5. 用与步骤3、4相同的方法，绘制出如图 1-56 所示的路径。

6. 在工具箱中的 ✎ 工具上按下鼠标左键不放，在弹出的隐藏工具组中选择 ◣ 工具，然后在路径上单击并拖曳，调整路径的形态，最终效果如图 1-57 所示。

图1-56 绘制的路径　　　　　　　　　图1-57 调整后的形态

> 在后面的操作步骤讲解过程中，如要选择隐藏的工具，且在前面已经用过，为了叙述上的方便，届时将直接叙述为选择该工具。如上面"在工具箱中的 ⚲ 工具上按下鼠标左键不放，在弹出的隐藏工具组中选择 ⌐ 工具"，将直接叙述为"选择 ⚲ 工具组中的 ⌐ 工具"。

说明

【功能链接】

利用【转换点】工具 ⌐ 可以使锚点在角点和平滑点之间切换，并可以调整调节柄的长度和方向，以确定路径的形状。

- 平滑点转换为角点

  利用【转换点】工具 ⌐ 在平滑点上单击，可以将平滑点转换为没有调节柄的角点；当平滑点两侧显示调节柄时，拖曳鼠标光标调整调节柄的方向，使调节柄断开，可以将平滑点转换为带有调节柄的角点。

- 角点转换为平滑点

  在路径的角点上向外拖曳鼠标光标，可在锚点两侧出现两条调节柄，将角点转换为平滑点。按住 Alt 键在角点上拖曳鼠标光标，可以调整路径一侧的形状。

- 调整调节柄编辑路径

  利用【转换点】工具 ⌐ 调整带调节柄的角点或平滑点一侧的控制点，可以调整锚点一侧的曲线路径的形状；按住 Ctrl 键调整平滑锚点一侧的控制点，可以同时调整平滑点两侧的路径形态。按住 Ctrl 键在锚点上拖曳鼠标光标，可以移动该锚点的位置。

7. 在【路径】面板中的"工作路径"上按下鼠标左键并向下拖曳，至 ⬛ 按钮处释放鼠标左键，将工作路径保存为"路径 1"，如图 1-58 所示。

8. 按 Ctrl+Enter 组合键，将路径转换为选区，形态如图 1-59 所示。

9. 将前景色设置为红褐色（R:88,G:14,B:2），然后新建"图层 1"，并按 Alt+Delete 组合键，为选区填充设置的前景色。

10. 按 Ctrl+D 组合键，去除选区，然后利用 ⚲ 工具和 ⌐ 工具绘制出如图 1-60 所示的路径，并将其保存为"路径 2"。

图1-58 保存的路径

图1-59 生成的选区形态

图1-60 绘制的路径

11. 按 Ctrl+Enter 组合键，将路径转换为选区，然后新建"图层 2"，并按 Alt+Delete 组合键，为选区填充颜色。

12. 新建"图层 3"，利用 ◯ 工具绘制出如图 1-61 所示的圆形图形。

13. 继续利用 ⚲ 工具和 ⌐ 工具绘制出如图 1-62 所示的路径，并将其保存为"路径 3"。

14. 将前景色设置为嫩绿色（R:206,G:218,B:148），背景色设置为灰绿色（R:135,G:146,B:100）。

15. 新建"图层 4"，并按 Ctrl+Enter 组合键，将路径转换为选区。

16. 选择 ⬛ 工具，并激活属性栏中的 ⬛ 按钮，然后将鼠标光标移动到选区内的中心位置按下鼠标左键向上方拖曳，释放鼠标左键后填充的渐变颜色如图 1-63 所示。

图1-61 绘制的圆形图形   图1-62 绘制的路径   图1-63 填充的渐变色

利用【渐变】工具 ，可以在图像中或指定的选区内填充渐变色。首先在图像文件中设置好需要填充的图层或创建好选区，再在属性栏中设置相应的渐变样式和渐变选项，然后将鼠标光标移动到图像文件中拖曳鼠标光标，即可完成画面的渐变颜色填充。

17. 按 Ctrl+D 组合键去除选区，然后利用 工具和 工具再绘制出如图 1-64 所示的路径，并将其保存为"路径 4"。

18. 将前景色设置为浅绿色（R:224,G:238,B:163），背景色设置为草绿色（R:159,G:183,B:95）。

19. 新建"图层 5"，并按 Ctrl+Enter 组合键，将路径转换为选区，然后用与步骤 16 相同的方法为其填充渐变色，效果如图 1-65 所示。

20. 在【图层】面板中，单击左上角的 正常 选项，在弹出的下拉菜单中选择"正片叠底"，效果如图 1-66 所示。

图1-64 绘制的路径   图1-65 填充渐变色后的效果   图1-66 设置图层混合模式后的效果

21. 在【图层】面板中的"图层 5"上按下鼠标左键不放，然后向下拖曳至 按钮处释放鼠标，将"图层 5"，复制为"图层 5 副本"。

22. 按 Ctrl+T 组合键，为复制的图层添加如图 1-67 所示的自由变换框。

23. 将鼠标光标移动到变形框的右上角位置，当鼠标光标显示为旋转符号时，按下鼠标左键并向下拖曳，旋转图形，状态如图 1-68 所示。

24. 至合适位置后释放鼠标，然后将鼠标光标移动到变换框内按下鼠标左键并拖曳，调整图形的位置，如图 1-69 所示。

图1-67 显示的变形框   图1-68 旋转图形时的状态   图1-69 调整图形位置

说明　将鼠标光标移动到变换框的外部，待鼠标光标显示为 ↲ 或 ↳ 形状时拖曳鼠标光标，可以围绕调节中心旋转图像。若按住 Shift 键旋转图像，可以使图像按 15° 角的倍数旋转。

25. 单击属性栏中的 ✔ 按钮，确认图形的变换操作。

26. 在【图层】面板中，单击左上角的 ⊠ 按钮，锁定图形的透明像素，然后将前景色设置为淡绿色（R:219,G:230,B:189）。

27. 按 Alt+Delete 组合键，用设置的前景色替换原有的渐变色，效果如图 1-70 所示。

28. 在【图层】面板中分别单击"图层 5"和"图层 5 副本"层前面的 👁 图标，将图形在画面中隐藏。

29. 利用 ✐ 工具和 ↖ 工具依次绘制出如图 1-71 所示的路径，并将其保存为"路径 5"。

30. 按 Ctrl+Enter 组合键，将路径转换为选区，然后将"图层 4"设置为工作层，并按 Delete 键，删除选区内的图像，效果如图 1-72 所示。

图1-70　修改颜色后的效果　　　　　图1-71　绘制的图形　　　　　图1-72　删除图形后的效果

31. 按 Ctrl+D 组合键去除选区，然后单击"图层 5"前面的 ⊡ 图标，将其在画面中显示。

32. 在【路径】面板中单击"路径 5"，将其在画面中显示，然后利用 ↖ 工具调整路径的形态如图 1-73 所示。

33. 按 Ctrl+Enter 组合键，将路径转换为选区，然后在【图层】面板中，单击"图层 4"前面的 👁 图标，将其在画面中隐藏。

34. 将"图层 5"设置为工作层，然后按 Delete 键，删除选区内的图像，如图 1-74 所示。

35. 将"图层 5"隐藏，然后将"图层 5 副本"层显示并设置为工作层，再按 Delete 键，删除选区内的图像，如图 1-75 所示。

图1-73　路径调整后的形态　　　　图1-74　删除图像后的效果　　　　图1-75　删除图像后的效果

36. 依次将"图层 4"和"图层 5"层显示，效果如图 1-76 所示。
最后利用【横排文字】工具 T 输入文字。

37. 选择 T 工具，在属性栏中将【字体】设置为"汉仪细圆简"，【字号】设置为"48"点，【颜色】设置为红褐色（R:88,G:14,B:2）。

说明　在输入文字时，字号的大小等参数要根据实际情况确定，如绘制的图形较大，字号等参数可设置得大一些。另外，如计算机中没有本例中的字体，可自行选择喜欢的字体。

38. 在画面中图形的右侧单击，插入文字光标，然后输入"艾林之鸟服饰"文字，输入后，单击属性栏中的 ✓ 按钮，确定文字输入完成。

39. 在属性栏中将【字体】修改为"方正细圆简体"，【字号】修改为"30"点，然后在输入文字的下方再输入如图 1-77 所示的字母，即可完成标志设计。

图1-76　绘制出的图形

图1-77　输入的文字及字母

40. 按 Ctrl+S 组合键，将此文件命名为"艾林之鸟服饰标志.psd"保存。

【视野拓展】——标志的设计构思

标志设计作为一项独立的具有独特构思思维的设计活动，它有着自身的规律和遵循的原则，在方寸之间它要体现出多方位的设计理念。

成功的标志设计构思可归纳为强、美、独、象征几个方面，方寸之间的标志形象决定了它在形式上必须鲜明强烈，过目不忘。

- 强，即为强烈的视觉感受，具有视觉的冲击力和"团块"效应。
- 美，即为符合美的规律，有优美的造型和优美的寓意。
- 独，即为独特的创意，举世无双。
- 象征，有最洗练、简洁的象征之意，无任何牵强附会之感。

较之其他艺术形式，标志具有更加集中表达主题的作用。造型因素和表现方法的单纯，使标志图形要像闪电般的强烈，像诗句般凝练，像信号灯般醒目。

任务四　绘制漂亮的卡通形象

本任务主要利用【钢笔】工具、【转换点】工具、【画笔】工具、【减淡】工具和【加深】工具，并结合【编辑】/【描边】命令来绘制卡通形象。

【步骤图解】

卡通形象的绘制过程示意图如图 1-78 所示。

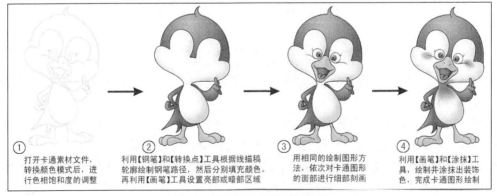

图1-78　卡通图形的绘制过程示意图

【设计思路】

这是为"小鸭电器"设计的一个拟人化的小鸭品牌形象，既可以作为企业吉祥物也可以作为产品商标。小鸭形态设计得非常形象，张开的嘴巴和伸出的手指，寓意在喊"小鸭电器、质量第一"。颜色采用了蓝色、黄色和红色，协调且统一，蓝色代表了产品的质量和品质，黄色的嘴巴和脚掌表示企业的产品已经非常成熟，质量上乘可靠。

（一）绘制整体图形

【步骤解析】

1. 执行【文件】/【打开】命令（快捷键为 $\boxed{Ctrl}+\boxed{O}$ 组合键），将教学辅助资料中"图库\项目一"目录下名为"卡通.jpg"的文件打开，如图 1-79 所示。

2. 执行【图像】/【模式】/【RGB 颜色】命令，将文件颜色模式转换为 RGB 颜色模式。

3. 执行【图像】/【调整】/【色相/饱和度】命令，弹出【色相/饱和度】对话框，设置各选项及参数如图 1-80 所示。

4. 单击 确定 按钮，调整颜色后的效果如图 1-81 所示。

 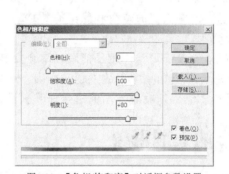 

图1-79 打开的图像文件　　　图1-80 【色相/饱和度】对话框参数设置　　　图1-81 调整颜色后的效果

5. 执行【图层】/【新建】/【背景图层】命令，在弹出的【新建图层】对话框中将名称修改为"线稿"，如图 1-82 所示。单击 确定 按钮，将背景层转换为普通层。

图1-82 【新建图层】对话框

6. 选择 ⬤ 工具，激活属性栏中的 ▨ 按钮，根据线稿轮廓，在画面中依次单击，绘制如图 1-83 所示的路径。

7. 选择 ⬤ 工具组中的 ⬁ 工具，然后在路径上单击，使路径显示出锚点。

8. 依次对控制点进行调整，使路径紧贴在卡通的轮廓边缘，如图 1-84 所示。

9. 单击【路径】面板右上角的 ▾≣ 按钮，在弹出的下拉菜单中选择【存储路径】命令，弹出【存储路径】对话框，将名称修改为"头"，如图 1-85 所示，然后单击 确定 按钮，将绘制的路径保存。

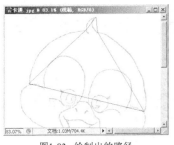

图1-83 绘制出的路径　　　　　图1-84 调整后的路径形态　　　　　图1-85 【存储路径】对话框

10. 按 Ctrl+Enter 组合键，将路径转换成选区，然后将前景色设置为天蓝色（R:150,G:180, B:220），背景色设置为深蓝色（R:32,G:80,B:134），再在【图层】面板中新建"图层1"。

11. 选择 ▦ 工具，再单击属性栏中 ▭▭▭▾ 按钮的颜色条部分，在弹出的【渐变编辑器】对话框中选择如图 1-86 所示的"前景到背景"渐变颜色样式。

12. 激活属性栏中的 ▦ 按钮，由选区的左上方向右下方拖曳鼠标光标填充渐变色，释放鼠标左键，填充径向渐变后的效果如图 1-87 所示。

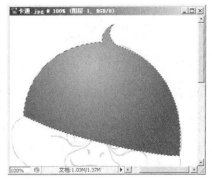

图1-86 【渐变编辑器】对话框　　　　　　　　图1-87 填充渐变色后的效果

13. 将前景色设置为黑色，然后在【图层】面板中新建"图层2"。

14. 执行【编辑】/【描边】命令，弹出【描边】对话框，设置各选项及参数如图 1-88 所示。

15. 单击 ▭确定▭ 按钮，为选区描边后的效果如图 1-89 所示。然后执行【选择】/【取消选择】命令（快捷键为 Ctrl+D 组合键），将选区去除。

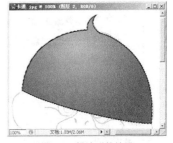

图1-88 【描边】对话框参数设置　　　　　　　图1-89 描边后的效果

16. 在【图层】面板中，单击"图层1"左侧的 ◉ 图标，隐藏该图层。然后利用 ✍ 工具和 ↖ 工具，根据线稿绘制并调整出卡通脸部及身体的轮廓路径，如图 1-90 所示，然后用与步骤9相同的方法，将路径命名为"脸"进行保存。

在下面的操作过程中，为了修改方便，绘制的路径都要保存，到时将不再提示其操作步骤，希望读者绘制完路径后自行存储。

17. 将前景色设置为白色，然后在【图层】面板中新建"图层 3"。

18. 按 Ctrl+Enter 组合键将路径转换为选区，再按 Alt+Delete 组合键为选区填充白色，如图 1-91 所示。

图1-90 绘制并调整出的路径

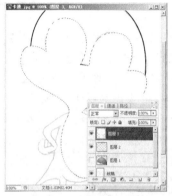
图1-91 填充颜色后的效果

按 Alt+Delete 组合键或 Alt+Backspace 组合键，是为当前画面或选区填充前景色；按 Ctrl+Delete 组合键或 Ctrl+Backspace 组合键，是为当前画面或选区填充背景色。

19. 选择 工具，在属性栏中的 按钮处单击，弹出【笔头设置】面板，设置各选项及参数如图 1-92 所示，然后将属性栏中 流量:10% 的参数设置为"10%"。

20. 将前景色设置为蓝灰色（R:192,G:196,B:202），然后沿选区的边缘拖曳鼠标光标喷绘蓝灰色，绘制出脸部的暗部区域，如图 1-93 所示。

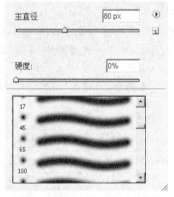
图1-92 【笔头设置】面板参数设置

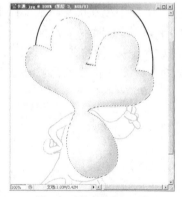
图1-93 喷绘出的暗部区域

21. 用与步骤 14～步骤 16 相同的方法，在选区的内部描绘宽度为"3 px"的黑色边缘。

22. 单击"图层 1"左侧的 图标，将其显示，描绘边缘后的效果如图 1-94 所示，然后按 Ctrl+D 组合键取消选区。

23. 利用 工具和 工具，根据线稿绘制并调整出卡通图形的衣服轮廓，如图 1-95 所示。

图1-94　描边后的效果

图1-95　绘制并调整出的路径

24. 将前景色设置为深蓝色（R:32,G:80,B:134），然后在【图层】面板中新建"图层4"。

25. 按 Ctrl+Enter 组合键将路径转换为选区，再按 Alt+Delete 组合键为选区填充深蓝色。

26. 按住 Ctrl 键，单击"图层4"左侧的图层缩略图，为其添加选区，其状态如图1-96所示。

27. 选择 工具，并激活属性栏中的 按钮，然后在画面中绘制选区，对原选区进行修剪，其状态如图1-97所示，修剪后的选区形态如图1-98所示。

图1-96　【图层】面板

图1-97　绘制选区时的状态

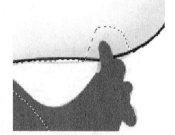

图1-98　修剪后的选区形态

28. 按 Delete 键，删除选区中的内容，删除后的画面效果如图1-99所示。

29. 在【图层】面板中，单击"图层4"左侧的 图标，隐藏该图层。选择 工具，并激活属性栏中的 按钮，在画面中依次绘制如图1-100所示的选区。

30. 单击"图层4"左侧的 图标将其显示，然后按 Delete 键，删除选区中的内容，删除后的画面效果如图1-101所示。

图1-99　删除后的画面效果

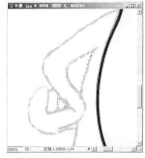

图1-100　绘制出的选区

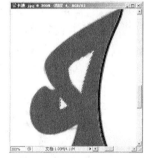

图1-101　删除后的画面效果

　　在以后的操作过程中，根据绘图需要，随时隐藏或显示某图层，后面不再一一介绍，读者只需根据图示一步一步操作即可。

31. 将前景色设置为天蓝色（R:130,G:165,B:210），然后按住 Ctrl 键，单击"图层4"左侧的图层缩略图，为其添加选区。

32. 选择 ![tool] 工具，在选区中拖曳鼠标光标喷绘天蓝色，绘制出衣服的亮部区域，效果如图 1-102 所示。

33. 在【图层】面板中新建"图层 5"，然后在选区的内部描绘宽度为"3 px"的黑色边缘，效果如图 1-103 所示。

图1-102　喷绘出的亮部区域　　　　　　　　　　　图1-103　描边后的效果

34. 选择 ![tool] 工具，在图像窗口中绘制如图 1-104 所示的选区。

35. 按 Delete 键删除选区中的内容，然后按 Ctrl + D 组合键取消选区，删除后的效果如图 1-105 所示。

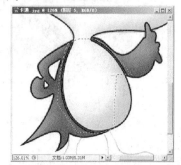

图1-104　绘制出的选区　　　　　　　　　　　　　图1-105　删除后的效果

36. 利用 ![tool] 工具和 ![tool] 工具，根据线稿轮廓绘制并调整出如图 1-106 所示的轮廓路径。

37. 选择 ![tool] 工具，在属性栏中的 ![button] 按钮处单击，弹出【笔头设置】面板，设置各选项及参数如图 1-107 所示。

38. 将前景色设置为黑色，然后打开【路径】面板，单击下方的 ![button] 按钮，用设置的笔头描绘路径，描绘路径后的效果如图 1-108 所示，然后在【路径】面板中的灰色区域处单击，将路径隐藏。

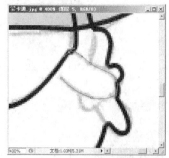
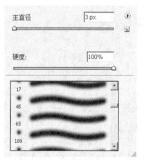

图1-106　绘制并调整出的路径　　　　　　　　　图1-107　【笔头设置】面板参数设置

39. 用与步骤 36 ~ 步骤 38 相同的方法，描绘出卡通图形的手指轮廓，如图 1-109 所示。

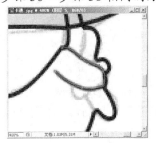

图1-108 描绘路径后的效果

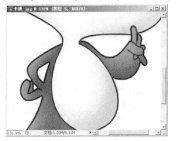

图1-109 描绘出的手指轮廓

40. 在【图层】面板中新建"图层 6"，并将其调整至"图层 3"的下方。用前面所讲述的方法，绘制出卡通的脚部轮廓，并为其填充上深黄色（R:247,G:176,B:37），如图 1-110 所示。

【功能链接】

调整图层堆叠顺序的方法有以下两种。

- 菜单法：执行【图层】/【排列】命令，在弹出的【排列】子菜单中执行相应的命令，即可调整图层的位置。
- 手动法：在【图层】面板中要调整堆叠顺序的图层上按下鼠标左键，然后向上或向下拖曳鼠标光标，此时会有一个线框跟随鼠标光标移动，当线框调整至要移动到的位置后释放鼠标左键，当前图层即会调整至释放鼠标左键的图层位置。

41. 将前景色设置为浅黄色（R:250,G:200,B:39），利用 工具绘制出脚部的亮部区域，如图 1-111 所示。

图1-110 绘制出的脚部图形

图1-111 喷绘出的亮部区域

42. 执行【编辑】/【描边】命令，为脚部描绘宽度为"3 px"的黑色边缘，如图 1-112 所示。

43. 用与步骤 36 ~ 步骤 38 相同的方法，描绘出卡通图形的脚趾轮廓，如图 1-113 所示。

图1-112 描边后的效果

图1-113 描绘出的脚趾轮廓

44. 按 Shift+Ctrl+S 组合键，将此文件另命名为"卡通.psd"保存。

（二）细部刻化

【步骤解析】

1. 接上例。利用 工具和 工具，根据线稿轮廓绘制并调整出如图 1-114 所示的嘴部外轮廓路径。

2. 按 Ctrl+Enter 组合键将路径转换为选区，然后新建"图层 7"，并用前面所讲述的方法，为嘴部外轮廓填充颜色、绘制亮部区域并描绘黑色边缘，效果如图 1-115 所示。

图1-114 并调整出的路径

图1-115 绘制出的嘴部外轮廓

下面来绘制"嘴"图形，并利用【减淡】工具和【加深】工具制作出图形的亮部和暗部区域。

3. 将"图层 7"隐藏，然后利用 🖊️ 工具和 ↖️ 工具，根据线稿轮廓绘制并调整出如图 1-116 所示的嘴部内轮廓路径。

4. 按 Ctrl+Enter 组合键将路径转换为选区，然后新建"图层 8"，为嘴部内轮廓填充深褐色（R:155,G:80,B:45），并为其描绘宽度为"3 px"的黑色边缘，效果如图 1-117 所示。

图1-116 绘制并调整出的路径

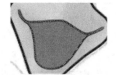

图1-117 绘制出的嘴部内轮廓

5. 选择 🔍 工具，设置属性栏中各选项及参数如图 1-118 所示，在卡通嘴部受光位置按住鼠标左键拖曳鼠标光标，绘制出嘴部的亮部区域，如图 1-119 所示。

图1-118 【减淡】工具的属性栏

图1-119 喷绘出的亮部区域

6. 选择 ✋ 工具，设置属性栏中各选项及参数如图 1-120 所示，在卡通嘴部背光位置按住鼠标左键拖曳鼠标光标，绘制出嘴部的暗部区域，如图 1-121 所示。

图1-120 【加深】工具的属性栏

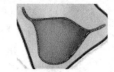

图1-121 喷绘出的暗部区域

7. 利用 🖊️ 工具和 ↖️ 工具绘制并调整出如图 1-122 所示的舌头路径，然后按 Ctrl+Enter 组合键将路径转换为选区。

8. 新建"图层 9"，为舌头填充暗红色（R:203,G:80,B:47），然后利用 🔍 工具绘制亮部区域，并描绘黑色边缘，效果如图 1-123 所示。

图1-122 绘制并调整出的路径

图1-123 绘制出的舌头图形

9. 将"图层 1"和"图层 3"隐藏，再新建"图层 10"，然后选择 ⭕ 工具，按住 Shift 键，根据线稿轮廓在卡通的眼睛处绘制圆形选区，并为其填充白色。

10. 将前景色设置为蓝灰色（R:205,G:210,B:217），选择 ✎ 工具，在眼白位置轻轻喷绘上一点蓝灰色，然后为其描绘宽度为"3 px"的黑色边缘，效果如图 1-124 所示。

11. 利用 ○ 工具绘制出瞳孔的圆形选区，并为其填充灰绿色（R:95,G:140,B:147），然后利用 ◎ 工具和 ◈ 工具，描绘出瞳孔的暗部和亮部区域，如图 1-125 所示。

12. 利用 ○ 工具、✎ 工具和 ◁ 工具，依次绘制出瞳孔上面的高光点和眼睫毛，如图 1-126 所示。

图1-124　描边后的效果

图1-125　喷绘出的亮部区域

图1-126　绘制出的高光点和眼睫毛

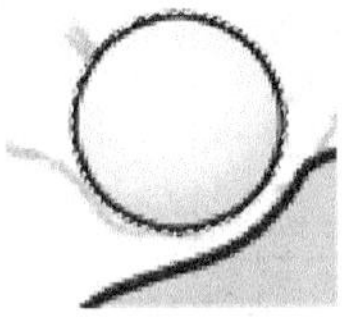

13. 将"图层 10"复制生成为"图层 10 副本"层，再按 Ctrl+T 组合键为其添加自由变换框，然后将其旋转至合适的角度，放置到如图 1-127 所示的位置。

> 为图形添加自由变换框后，将鼠标光标移动到变换框的外部，待鼠标光标显示为 ↻ 或 ↺ 形状时，拖曳鼠标光标即可围绕调节中心旋转图像。

14. 利用 ✎ 工具和 ◁ 工具，在"鼻子"图形上绘制出"鼻孔"图形，最终显示出所有图层，图形效果如图 1-128 所示。

图1-127　复制出的眼睛图形放置的位置

图1-128　显示所有图层后的效果

至此，卡通图形已基本绘制完成，将所有图层显示后，下面再为其绘制一些装饰色。

15. 按住 Ctrl 键单击"图层 3"左侧的图层缩略图，为其添加选区。然后将前景色设置为深红色（R:210,G:63,B:57），并新建"图层 12"。

16. 选择 ✎ 工具，通过设置不同的笔头大小和不透明度，在卡通图形的腮部和颈部位置喷绘出如图 1-129 所示的红色。

17. 选择 ◈ 工具，单击属性栏中的 �\:┊ 按钮，弹出【笔头设置】面板，设置各选项及参数如图 1-130 所示，然后将属性栏中 强度 30% ▸ 的参数设置为"30%"。

18. 将鼠标光标移动到选区中，对颈部的红色进行涂抹，使其边缘模糊融合成一个整体，效果如图 1-131 所示。

图1-129　喷绘出的颜色

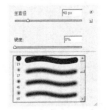
图1-130　【笔头设置】面板参数设置

图1-131　涂抹后的效果

19. 按住 Ctrl 键，单击"图层 7"左侧的图层缩略图，为其添加选区，然后按 Delete 键删除选区中的内容，再按 Ctrl+D 组合键取消选区，生成的效果如图 1-132 所示。

20. 将"线稿"层设置为当前层，然后为其填充上白色，完成卡通图形的绘制，其整体效果如图 1-133 所示。

图1-132　删除图像后的效果

图1-133　绘制完成的卡通图形

21. 按 Ctrl+S 组合键，将此文件保存。

【视野拓展】——标志设计的基本原则

标志设计作为一项独立的具有独特构思思维的设计活动，它有着自身的规律和遵循的原则，在方寸之间它要体现出多方位的设计理念，在形式上必须鲜明强烈，让人过目不忘。在开始构思设计标志时要注意标志设计的基本原则。

(1) 准确定位。

它是标志设计传递主要信息的依据。把客观事物的本质、特色准确地表现出来，标志就要有定位。有了准确的定位和目标，标志才会有深刻的内含和意义。对标志准确定位的要求是符合该事物的基本特性，有强烈的时代感，造型形式要新颖，如图 1-134 所示。

(2) 典型形象。

典型的艺术形象反映事物的本质特征，是对自然形象的高度集中概括、提炼和理想化。典型形象来自作者对生活的深刻理解，也来自对表达角度的认真选择，还要依赖于作者对客观事物的整理加工和高度概括塑造。没有本质的形象是空洞乏味的，没有个性的设计就会产生雷同，其美感自然也就无从谈起，如图 1-135 所示。

图1-134　准确定位

图1-135　典型形象

(3) 形式多样。

标志的表现形式要依据内容和实用功能来确定。在保证外形完整、视觉清晰的前提下，形式应多样化。

- 应诱发人们的联想，不同的造型给人以不同联想，内容与形式的完美结合应作为设计的首要原则。
- 要有民族特色，具有民族性的才可能是大众性的。
- 要有现代感，符合当今时代的审美情趣和欣赏心理要求，如图 1-136 所示。

(4) 表现恰当。

标志的内容与形式确定后，表现方法就成为关键所在。它是标志多样性的需要，可有以下几种表述。

- 直接表述：用最明确的文字或图形直接表达主题，开门见山，通俗易懂，一目了然。
- 寓言表达：用与主题意义相似的事物表达商品或活动的某些特点。
- 象征表述：用富于想象或相联系的事物，采用暗示的方法表示主题。
- 同构：这是标志设计中经常采用的艺术形式，它是把主题相关的两个以上不同的形象，经过巧妙地组合将其化为一种新的统一图形，包含了其他图形所具备的个性特质，使主题得以深化，联想更加丰富，形象结合自然巧妙，象征意义更加明确深刻，如图1-137所示。

(5) 色彩鲜明。

标志的色彩要求简洁明快。颜色的使用首先要适应其主题条件，其次要考虑使用范围，即环境、距离、大小等。由于色彩能引发一定的联想，因此它的象征、寓意功能十分巨大，奥运会的五环标志就是一个最好的例证。色彩的使用必须做到简洁，能用一色表达绝不用二色重复，如图1-138所示。

图1-136 形式多样

图1-137 表现恰当

图1-138 色彩鲜明

项目实训

完成本项目中的各个任务后，相信读者对 Photoshop CS3 已有了初步的认识，并对操作方法基本掌握，下面进行实训练习，对所学内容进行巩固。

实训一 标志设计

要求：利用工具箱中的 ✍ 工具、▶ 工具和 ◯ 工具及【图层样式】命令，设计出如图 1-139 所示的计算机标志。

图1-139 设计完成的标志图形

【设计思路】

该标志采用太阳与火焰组成的外形，动感效果非常强烈，主题突出明了，象征了"阳光计算机"就像正午的太阳一样熊熊燃烧，寓意产品质量上乘，值得消费者信赖；热烈的橘红色火焰，象征了企业员工的热情和奔放；冷静的宝石蓝色太阳，象征了企业的凝聚力、向心力和产品质量稳如泰山的可信力。

【步骤解析】

1. 利用工具箱中的 工具、 工具和 工具，依次绘制出如图 1-140 所示的图形。

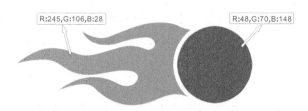

图1-140 绘制的图形

2. 利用【图层样式】命令为绘制的图形添加图层样式，效果如图 1-141 所示。

3. 为绘制的图形添加选区，然后执行【选择】/【修改】/【扩展】命令将选区扩大，参数设置如图 1-142 所示。

图1-141 添加图层样式后的效果

图1-142 扩展参数设置

4. 新建图层后，为选区填充白色，然后添加"投影"和"渐变叠加"图层样式，再输入黑色的文字，即可完成标志的设计。

实训二 绘制卡通图形

要求：灵活运用工具箱中的 工具、 工具和 工具，绘制出如图 1-143 所示的卡通图形。

图1-143 绘制完成的卡通图形

【设计思路】

该图形是用一种拟人手法绘制的卡通小蜜蜂，可以用作"蜂蜜"、"食品"等的产品商标。图形形状生动可爱，色彩对比强烈但不失大方和稳重，黑色运用恰当，起到分割和协调对比色的作用。

【步骤解析】

打开教学辅助资料中"图库\项目一"目录下名为"小蜜蜂.jpg"的文件，然后利用与任务三中绘制卡通图形的相同方法绘制小蜜蜂图形。

项目小结

　　本项目主要利用 Photoshop CS3 中【矩形选框】工具、【椭圆选框】工具、【路径】工具，以及常用的【自定形状】工具结合【图层样式】命令设计了两个标志，并绘制了一幅卡通图形。在绘制过程中，读者在对路径进行调整时可能会有一定的难度，不过不要灰心，只要耐心仔细地去绘制，一定可以绘制出作品的最终效果。本项目中讲述的【路径】工具非常重要，希望读者能熟练掌握其使用方法，这样才能在今后的工作中灵活、快捷地绘制出优秀的作品来。

 思考与练习

　　1.　主要利用【横排文字】工具、【钢笔】工具和【转换点】工具来设计如图 1-144 所示的标志。

　　2.　综合运用【钢笔】工具、【转换点】工具、【自定形状】工具及【图层样式】命令，绘制如图 1-145 所示的卡通图形。

图1-144　设计的标志

图1-145　绘制的卡通图形

项目二

企业办公用品及礼品设计

　　CIS 即企业形象识别系统，作为企业树立整体形象、拓展市场和提升竞争力的有效工具，它的价值已被诸多取得卓越成就的国际化大企业所认同。从本项目开始，我们将介绍 CIS 视觉设计要素中的应用部分，主要包括企业办公用品设计、礼品设计、指示牌设计、POP 挂旗设计及服装设计等。

　　本项目将设计企业的办公用品——名片及企业礼品——手提袋。设计完成的效果如图 2-1 所示。

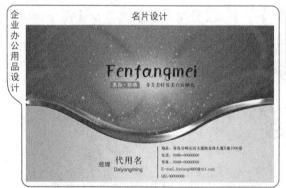

图2-1　设计完成的企业办公用品及礼品

学习目标

掌握【渐变】工具的应用。
掌握【变换】命令的使用方法及技巧。
了解【画笔】工具的运用。
掌握路径的描绘功能。
了解图层堆叠顺序的调整及合并操作。
学习参考线的添加与应用。
掌握图形的旋转复制和移动复制操作。
掌握图形的裁剪操作。

任务一　企业办公用品——名片设计

　　名片是新朋友互相认识最快、最有效的方法。交换名片是商业交往的第一个标准官式动

作。本任务就来设计一个企业名片。通过设计来进一步讲解【路径】工具的使用方法以及
【画笔】工具的灵活运用。

【步骤图解】

设计名片的过程示意图如图 2-2 所示。

利用【渐变】工具、【路径】工具、【画
笔】工具及【变换】命令制作名片的背景

利用【横排文字】工具输入相关的
企业信息，即可完成名片的设计

图2-2　设计名片的过程示意图

【设计思路】

该名片是一款突出美容产品的名片，是以产品的能效为出发点进行设计的。名片用曲线
把版面上下分开，突出了女性特有的曲线美，心形图形表示女性柔美的爱心。颜色采用了热
烈的红黄色，突出成熟女性高贵和热情奔放的自由个性。

【步骤解析】

1. 按 Ctrl+N 组合键，新建一个【宽度】为"9 厘米"、【高度】为"5.5 厘米"、【分辨率】
   为"300 像素/英寸"、【颜色模式】为"RGB 颜色"、【背景内容】为"白色"的文件。

> 其实名片并没有一个国际的名片尺寸标准或者是一个绝对的名片大小规格要求。但我们要
> 考虑名片的印刷加工，以及方便携带和保存。所以在设计名片时，还是会遵循一个大家都接受
> 的名片尺寸规范。名片一般有两个版式，一个是直角的，另一个是圆角的。直角的尺寸一般为
> 90mm×54mm；圆角的尺寸一般为 85mm×54mm。

2. 选择▢工具，激活属性栏中的▢按钮，再单击属性栏中▬▬▬的颜色条部分，在弹
   出【渐变编辑器】对话框中设置渐变颜色如图 2-3 所示，然后单击 确定 按钮。

> 在【渐变编辑器】对话框中单击色带下方的图标，可将该颜色色标选择，然后单击下方
> 【颜色】选项右侧的色块，可在弹出的【选择色标颜色】对话框中重新设置该处颜色色标的颜
> 色；在色带下方的空白处单击（注意，要紧贴色带），可添加一个颜色色标；在颜色色标上按下
> 并拖曳，可调整色标在色带范围内的位置。

【功能链接】

【渐变】工具▢属性栏中各按钮及选项的含义如下。

- 【点按可编辑渐变】按钮▬▬▬：单击颜色条部分，将弹出【渐变编辑
  器】窗口，用于编辑渐变色；单击右侧的▾按钮，将会弹出【渐变选项】面
  板，用于选择已有的渐变选项。

- 【线性渐变】工具▢：可以在画面中填充由鼠标光标的起点到终点的线性渐变
  效果。

- 【径向渐变】工具▢：可以在画面中填充以鼠标光标的起点为中心，鼠标拖曳

距离为半径的环形渐变效果。

- 【角度渐变】工具：可以在画面中填充以鼠标光标起点为中心，自鼠标拖曳方向起旋转一周的锥形渐变效果。

- 【对称渐变】工具：可以产生由光标起点到终点的线性渐变效果，且以经过光标起点与拖曳方向垂直的直线为对称轴的轴对称直线渐变效果。

- 【菱形渐变】工具：可以在画面中填充以鼠标光标的起点为中心，鼠标拖曳的距离为半径的菱形渐变效果。

- 【模式】：与其他工具相同，用来设置填充颜色或图案与原图像所产生的混合效果。

- 【不透明度】：与其他工具相同，用来设置填充颜色或图案的不透明度。

- 【反向】：勾选此复选项，在填充渐变色时，会颠倒填充的渐变颜色排列顺序。

- 【仿色】：勾选此复选项，可以使渐变颜色之间的过渡更加柔和。

- 【透明区域】：勾选此复选项，【渐变编辑器】对话框中渐变选项的不透明度才会生效，否则将不支持渐变选项中的透明效果。

3. 按住 Shift 键，在画面中由左至右拖曳鼠标，为"背景"层填充设置的线性渐变色，效果如图 2-4 所示。

图2-3 【渐变编辑器】对话框　　　　　　　　　　图2-4 填充渐变色后的效果

4. 单击【图层】面板下方的 按钮，新建"图层 1"。

5. 利用 工具和 工具，绘制并调整出如图 2-5 所示的路径，然后按 Ctrl+Enter 键，将路径转换为选区。

6. 选择 工具，单击属性栏中的颜色条部分，在弹出【渐变编辑器】对话框中设置渐变颜色如图 2-6 所示，然后单击 确定 按钮。

图2-5 绘制的路径　　　　　　　　　　　　　图2-6 【渐变编辑器】对话框

7. 按住 Shift 键，在选区内由左至右拖曳鼠标光标，为选区填充设置的线性渐变色，效果如图 2-7 所示，然后按 Ctrl+D 组合键，将选区去除。

8. 将"图层 1"复制生成为"图层 1 副本"层，并将其调整至"图层 1"的下方位置。

> 执行【图层】/【复制图层】命令可以复制当前选择的图层。另外，在【图层】面板中，用鼠标将要复制的图层向下拖曳至 🖵 按钮上，释放鼠标后也可将图层复制生成一个"副本"层。
>
> 执行【图层】/【排列】/【后移一层】命令，可将复制出的"图层 1 副本"调整至"图层 1"层的下方。

9. 将前景色设置为暗红色（R:100），再按 Alt+Shift+Delete 组合键，为当前层中的不透明区域填充前景色，然后将其向上移动至如图 2-8 所示的位置。

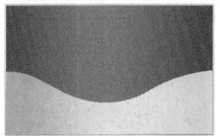 

图2-7　填充渐变色后的效果　　　　　　　　图2-8　移动后的图形位置

> 在为图像填充颜色时，按 Alt+Shift+Delete 组合键可以为当前图层中的不透明区域填充前景色，而透明区域依然保持透明。

10. 按住 Ctrl 键，单击"图层 1"左侧的图层缩览图添加选区，添加的选区形态如图 2-9 所示。

11. 确认"图层 1 副本"为当前层，再按 Delete 键，将选区中的内容删除，然后按 Ctrl+D 组合键，将选区去除。

> 在【图层】面板中单击某一个图层即可将其设置为工作层；利用 🔿 工具在要选择的对象上单击鼠标右键，可以显示该单击处所有对象所在的图层，单击要选择的图层即可将其设置为工作层。

12. 将"图层 1 副本"复制生成为"图层 1 副本 2"层，然后将复制出的图形垂直向上移动位置。

13. 执行【滤镜】/【模糊】/【高斯模糊】命令，在弹出的【高斯模糊】对话框中设置参数如图 2-10 所示。

图2-9　添加的选区形态　　　　　　　　图2-10　【高斯模糊】对话框

14. 单击 确定 按钮，执行【高斯模糊】命令后的图形效果如图 2-11 所示。

15. 新建"图层 2"，利用 ◊ 工具和 ↖ 工具，绘制并调整出如图 2-12 所示的路径，然后按 Ctrl+Enter 键，将路径转换为选区。

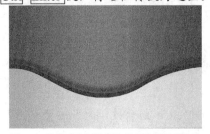

图2-11 执行【高斯模糊】命令后的图形效果

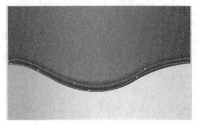

图2-12 绘制的路径

16. 利用 ▭ 工具，为选区由左至右填充从深红色（R:145）到红色（R:255,G:40,B:20）的线性渐变色，效果如图 2-13 所示。

17. 将前景色设置为白色，然后利用 ✐ 工具，在选区内喷绘白色，效果如图 2-14 所示。

图2-13 填充渐变色后的效果

图2-14 编辑蒙版后的效果

18. 分别设置不同的前景色，并利用 ✐ 工具在选区内喷绘，效果如图 2-15 所示。

19. 选择 ▭ 工具，将鼠标光标移动到选区，然后按下鼠标左键并稍微向上移动位置。

20. 新建"图层 3"，利用 ✐ 工具在选区内喷绘，效果如图 2-16 所示。

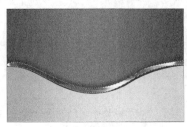

图2-15 喷绘的颜色

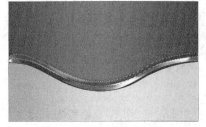

图2-16 绘制出的结构图形

21. 利用 ◯ 工具，绘制出如图 2-17 所示的椭圆形选区，然后激活属性栏中的 ▢ 按钮，在画面中绘制选区与原选区进行相减，修剪后的选区形态如图 2-18 所示。

图2-17 绘制的选区

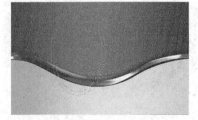

图2-18 修剪后的选区形态

22. 新建"图层 4"，为选区填充红色（R:255,B:20），效果如图 2-19 所示，然后按 Ctrl+D

组合键，将选区去除。

23. 执行【滤镜】/【模糊】/【高斯模糊】命令，在弹出的【高斯模糊】对话框中设置参数如图 2-20 所示。

图2-19　填充颜色后的效果

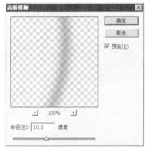

图2-20　【高斯模糊】对话框

24. 单击 确定 按钮，执行【高斯模糊】命令后的图形效果如图 2-21 所示。

25. 按 Ctrl+T 组合键，为"图层 4"中的图形添加自由变换框，并将其调整至如图 2-22 所示的形态，然后按 Enter 键，确认图形的变换操作。

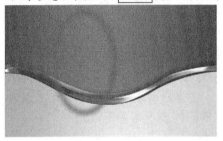

图2-21　执行【高斯模糊】命令后的图形效果

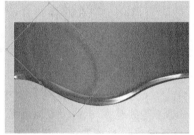

图2-22　调整后的图形形态

26. 将"图层 4"复制生成为"图层 4 副本"，然后将复制出的图形移动至如图 2-23 所示的位置。

27. 按 Ctrl+E 组合键，将"图层 4 副本"向下合并为"图层 4"，然后将其调整至"图层 1 副本"层的下方位置。

28. 将"图层 4"复制生成为"图层 4 副本"层，然后执行【编辑】/【变换】/【水平翻转】命令，将复制出的图形翻转，再将其移动至如图 2-24 所示的位置。

图2-23　图形放置的位置

图2-24　图形放置的位置

29. 在"图层 1"的上方新建"图层 5"，然后将前景色设置为深黄色（R:255,G:205）。

30. 选择 ✐ 工具，单击属性栏中的 ▤ 按钮，在弹出的【画笔】面板中分别设置选项的参数如图 2-25 所示。

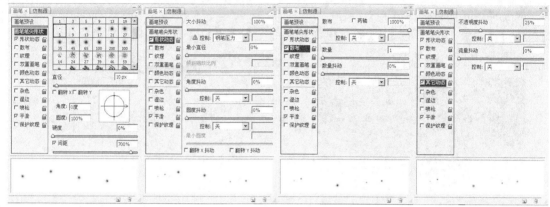

图2-25 【画笔】面板

【功能链接】

【画笔】面板中属性选项的功能分别如下。

- 在【画笔】面板左侧的画笔属性设置区域中选择一种属性选项，所选属性的参数设置即会出现在面板的右侧，如只单击选项左侧的复选框，可以在不查看其参数的情况下启用或停用相应属性。

- 【画笔预设】用于查看、选择和载入预设画笔。拖动画笔形状窗口右侧的滚动条可以浏览其他形状；用鼠标拖动【主直径】的滑块可以改变画笔笔头的大小。另外，单击【画笔】面板右上角的 ，在弹出的下拉菜单中可以更改预设画笔的显示方式、载入预设画笔库或应用默认的预设画笔库等。

- 【画笔笔尖形状】主要用于选择和设置画笔笔头的形状。

- 【形状动态】用于设置画笔移动时笔头形状的变化。

- 【散布】决定是否使绘制的图形或线条产生一种笔触散射效果。

- 【纹理】可以使【画笔】工具产生图案纹理效果。

- 【双重画笔】可以设置两种不同形状的画笔来绘制图形，首先通过【画笔笔尖形状】设置主笔刷的形状，再通过【双重画笔】设置次笔刷的形状。

- 【颜色动态】将前景色和背景色进行不同程度的混合，通过调整颜色在前景色和背景色之间的变化以及色相、饱和度和亮度的变化，绘制出具有各种颜色混合效果的图形。

- 【其他动态】主要用于设置画笔的不透明度和流量的动态效果。其中【不透明度抖动】用于设置画笔在绘制图形时颜色不透明度的变化程度。【流量抖动】用于设置画笔在绘制图形时颜色流量的变化程度。

- 【杂色】：勾选此复选项，可以在绘制的图形中添加杂色效果。

- 【湿边】：勾选此复选项，可以在绘制的图形边缘出现湿润边的效果。

- 【喷枪】：勾选此复选项，相当于激活属性栏中的 按钮，使画笔具有喷枪的性质。

- 【平滑】：勾选此复选项，可以使画笔绘制图形的颜色边缘较平滑。

- 【保护纹理】：可以对所有的画笔执行相同的纹理图案和缩放比例。勾选此项后，当使用多个画笔时，可模拟一致的画布纹理。

31. 在画面中按住左键并拖曳鼠标，喷绘出如图 2-26 所示的黄色杂点。

32. 选择 ⬭ 工具，将属性栏中 羽化：30 px 的参数设置为 "30 px"，然后绘制出如图 2-27 所示的椭圆形选区。

图2-26 喷绘出的杂点

图2-27 绘制的选区

33. 新建"图层 6"，为选区填充上黄色（R:255,G:255），效果如图 2-28 所示，然后按 Ctrl+D 键，将选区去除。

34. 选择 T 工具，设置属性栏中的【字体】选项为"汉仪柏青体简"，【字号】选项为"20 点"，然后在画面中输入黑色的"Fenfangmei"拼音字母，如图 2-29 所示。

图2-28 填充颜色后的效果

图2-29 拼音字母放置的位置

如读者的计算机中没有"汉仪柏青体简"字体，可选择一种自己喜欢的字体；另外，也可到网上下载该字体，然后将其拷贝至"控制面板\字体"文件夹中。

35. 新建"图层 7"，利用 ▭ 工具在拼音字母的左下方绘制出如图 2-30 所示的矩形，填充色为紫色（R:140,G:83,B:115）。

36. 利用 T 工具，在画面中分别输入如图 2-31 所示的白色和黑色文字。

图2-30 绘制的矩形

图2-31 输入的文字

37. 继续利用 T 工具，在画面的右下角位置依次输入如图 2-32 所示的名片信息。

38. 新建"图层 8"，利用 ▭ 工具绘制如图 2-33 所示的黑色分界线，完成名片设计。

39. 按 Ctrl+S 组合键，将此文件命名为"名片设计.psd"保存。

图2-32 输入的文字

图2-33 绘制的分界线

【视野拓展】——名片的构成要素

在设计名片时，形式、色彩和图案都应该依照企业 CI 手册来设计。尺寸和形状要根据人们的使用习惯以及印刷的纸张尺寸来决定，内容是由客户来决定的。根据不同的行业，设计的名片应该不落俗套，在设计时充分发挥设计师的独创性和想想力，使设计的名片突出企业的形象和产品的特性。名片设计的表现手法虽因行业、诉求角度或客户而有所不同，但构成画面的内容、材料和尺寸是基本相同的。

(1) 造形构成要素。

造型要素包括插图（象征性或装饰性的图案）、标志（图案或文字造形的标志）、商品名（商品的标准字体，又叫合成文字或商标文字）、底纹（美化版面、衬托主题）。

(2) 文字构成要素。

公司名（包括公司中英文全称及业务内容）、标语（表现企业文化的广告语）、人名（中英文职称、姓名）、联系方式（中英文地址、电话、传真、网址、邮箱等）。

(3) 其他相关要素。

色彩（色相、明度、彩度的搭配，一般采用企业 CI 手册的统一视觉形象来应用）、编排（文字、图案的整体排列）。

任务二 企业礼品——手提袋设计

本任务主要利用【渐变】工具、【钢笔】工具和【多边形套索】工具，并结合【路径】工具和描绘路径操作来设计手提袋。

【步骤图解】

手提袋图形的绘制过程示意图如图 2-34 所示。

首先利用【渐变】工具制作背景，然后利用【钢笔】和【多边形套索】工具制作出手提袋的正面和侧面　　添加企业信息并制作手提袋的提绳，即可完成手提袋的制作

图2-34 手提袋图形的绘制过程示意图

【设计思路】

该手提袋是女性化妆用品随产品赠送给消费者的礼品袋，手提袋上半部放置产品的名称，醒目突出，下半部采用不同明度的紫色色块进行穿插重叠，产生一种色块交替的韵律感。紫色突出了女性的柔美、高贵、神秘和浪漫。

【步骤解析】

1. 按 Ctrl+N 键，新建一个【宽度】为"20 厘米"、【高度】为"15 厘米"、【分辨率】为

"150像素/英寸"、【颜色模式】为"RGB颜色"、【背景内容】为"白色"的文件。

2. 将前景色设置为紫红色（R:84，B:70）；背景色设置为深紫色（R:126，B:80），然后利用 ▣ 工具绘制出如图2-35所示的矩形选区。

3. 选择 ▣ 工具，将鼠标光标移动到选区内自下向上拖曳鼠标光标，为选区填充由前景色到背景色的线性渐变，效果如图2-36所示。

图2-35 绘制的矩形选区

图2-36 填充的渐变色

4. 按 Ctrl+I 键，将选区反选，然后将前景色设置为咖啡色（R:72，B:26），背景色设置为铁红色（R:57，B:25）。

5. 继续利用 ▣ 工具为选区自上向下填充由前景色到背景色的线性渐变色，效果如图 2-37 所示，然后按 Ctrl+D 键去除选区。

6. 将前景色设置为白色，然后选择 ▲ 工具，并激活属性栏中的 □ 按钮。

7. 将鼠标光标移动到画面中依次单击，绘制出如图2-38所示的手提袋正面图形。

图2-37 填充渐变色后的效果

图2-38 绘制的图形

8. 在【图层】面板中，将"形状 1"复制为"形状 1 副本"层，然后选择 ▲ 工具，并将复制出的形状调整至如图2-39所示的形态。

【功能链接】

【直接选择】工具 ▲ 可以用来移动路径中的锚点或线段，也可以改变锚点的形态，具体使用方法如下。

- 选择 ▲ 工具，然后单击路径，此时路径上的锚点全部显示为白色，单击白色的锚点可以将其选择。当锚点显示为黑色时，用鼠标拖曳选择的锚点可以修改路径的形态。单击两个锚点之间的线段（曲线除外）并进行拖曳，也可以调整路径的形态。

- 当需要同时选择多个锚点时，可以按住 Shift 键，然后依次单击要选择的锚点。或用框选的方法框选所有需要选择的锚点。

- 按住 Alt 键，再单击路径可以将路径上的锚点全部选择。
- 用鼠标拖曳平滑点两侧的控制点，可以改变其两侧曲线的形态。按住 Alt 键拖曳鼠标光标，可以同时调整平滑点两侧的控制点。按住 Ctrl 键拖曳鼠标光标，可以改变平滑点一侧的方向。按住 Shift 键拖曳鼠标光标，可以调整平滑点一侧的方向按45°的倍数跳跃。
- 按住 Ctrl 键，可以将当前工具切换为【路径选择】工具，然后拖曳鼠标光标，可以移动整个路径的位置。再次按 Ctrl 键，可将【路径选择】工具转换为【直接选择】工具。

9. 选择 工具，将鼠标光标移动到图形上方的中间位置单击，添加锚点，然后将其调整至如图 2-40 所示的形态。

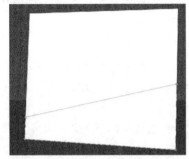

图2-39 调整后的图形形态

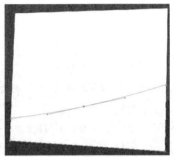

图2-40 添加的锚点

10. 在【图层】面板中双击"形状 1 副本"层前面的"图层缩览图"，在弹出的【拾取实色】对话框中，将颜色设置为粉色（R:241，G:214，B:231）。

11. 单击 确定 按钮，调色后的图形如图 2-41 所示。

12. 将"形状 1 副本"层复制为"形状 1 副本 2"层，然后利用 工具对其进行调整，并利用与步骤 10 相同的方法，将其颜色修改为紫色（R:195，G:81，B:153），如图 2-42 所示。

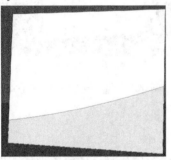

图2-41 调整颜色后的效果

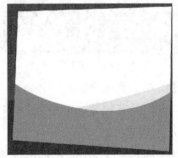

图2-42 复制出的图形

13. 在【图层】面板中，将"形状 1 副本 2"层的图层混合模式设置为"正片叠底"，效果如图 2-43 所示。

【图层混合模式】 正常 选项主要用于设置当前图层中的图像与下面图层中的图像以何种模式进行混合。

14. 将"形状 1 副本 2"层复制为"形状 1 副本 3"层，然后利用 工具对其形态进行调整，并将颜色修改为深红色（R:222，G:147，B:194），效果如图 2-44 所示。

图2-43 调整混合模式后的效果

图2-44 复制出的图形

15. 将"形状 1"层设置为工作层，然后执行【图层】/【图层样式】/【投影】命令，在弹出的【图层样式】对话框中设置各项参数如图 2-45 所示。

说明 使用【图层样式】命令可以制作各种特效，利用图层样式可以对图层中的图像快速应用效果，通过【图层样式】面板还可以快速地查看和修改各种预设的样式效果，为图像添加阴影、发光、浮雕、颜色叠加、图案和描边等。

16. 单击 确定 按钮，添加投影样式后的效果如图 2-46 所示。

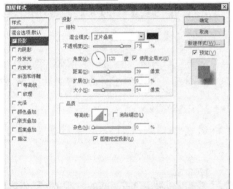

图2-45 【投影】选项参数设置

图2-46 添加投影后的效果

17. 选择 工具，在画面的右侧依次单击绘制出如图 2-47 所示的选区。

18. 新建"图层 1"，并将其调整至"形状 1"层的下方，然后为选区填充白色，效果如图 2-48 所示。

19. 继续利用 工具，绘制出如图 2-49 所示的选区。

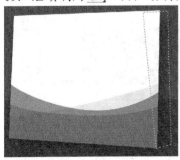

图2-47 绘制的选区

图2-48 填充颜色后的效果

图2-49 绘制的选区

20. 将前景色设置为深紫色（R:143,G:41,B:100），然后按 Alt+Shift+Delete 组合键为选区中

的不透明区域填充设置的前景色，效果如图 2-50 所示。

21. 利用 工具，再绘制出如图 2-51 所示的选区。

在绘制选区时，一定要根据步骤 19 绘制的选区和正面图形中紫色图形的形态来绘制。这样填充颜色后各颜色块之间才能紧密的结合。如果不好确定选区的区域，也可分层来制作。

22. 将前景色设置为紫红色（R:184,G:68,B:140），然后按 Alt + Shift + Delete 组合键为选区中的不透明区域填充设置的前景色，去除选区后的效果如图 2-52 所示。

图2-50 填充颜色后的效果

图2-51 绘制的选区

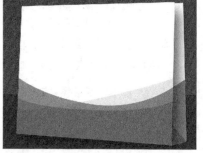
图2-52 制作出的侧面效果

23. 将任务一中设计的"名片设计.psd"文件打开，然后在【图层】面板中，将如图 2-53 所示的图层同时选择。

如要选择连续的图层，可在最下方或最上方的图层上单击将其选择，然后按住 Shift 键单击最后一个图层，即可将两个图层间的所有图层选取；如要选择不连续的图层，可以按住 Ctrl 键依次单击要选择的图层。

24. 选择 工具，将选择的文字及图形移动复制到新建的手提袋文件中，然后按 Ctrl + E 组合键，将选择的图层合并。

25. 将移动复制入的文字和图形放置到如图 2-54 所示的位置。

图2-53 选择的图层

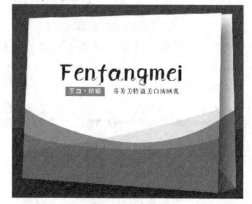
图2-54 放置的位置

26. 利用 工具和 工具，绘制并调整出如图 2-55 所示的路径。

27. 将前景色设置为蓝色（R:29,G:32,B:136），选择 工具，并设置【画笔】面板的选项参数如图 2-56 所示。

28. 在【图层】面板中，新建"图层 2"，然后将其调整至所有图层的上方。

图2-55　绘制的路径

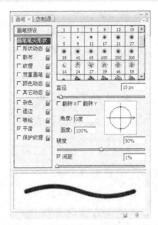

图2-56　【画笔】面板选项参数设置

29. 在【路径】面板中单击下方的 ⬭ 按钮，用设置的画笔及前景色对路径进行描绘，效果如图 2-57 所示。

在【图层】面板中设置好图层，然后设置好需要描绘路径的前景色，选择要用于描边路径的绘画工具，并设置工具选项，如选择合适的笔头、设置混合模式和不透明度等，再在【路径】面板中选择要描绘的路径，单击面板底部的 ⬭ 按钮，即可对路径进行描绘。

30. 在【路径】面板中的灰色区域单击，将路径隐藏，然后执行【图层】/【图层样式】/【斜面和浮雕】命令，在弹出的【图层样式】对话框中，设置参数如图 2-58 所示。

图2-57　描绘路径后的效果

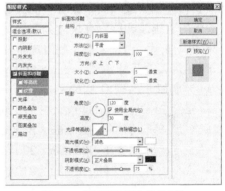

图2-58　【斜面和浮雕】选项参数

31. 单击 确定 按钮，添加斜面和浮雕样式后的效果如图 2-59 所示。

32. 新建"图层 3"，然后将其调整至"图层 2"的下方。

33. 选择 ✐ 工具，并单击属性栏中【画笔】选项右侧的 · 按钮，在弹出的【画笔笔头】选项面板中设置参数如图 2-60 所示。

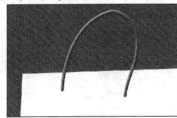

图2-59　添加斜面和浮雕样式后的效果

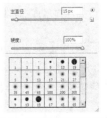

图2-60　设置的画笔笔头参数

属性栏中的【画笔】选项用于设置画笔笔头的形状及大小。单击右侧的·按钮，会弹出【画笔笔头】选项面板，设置参数后，在除图像窗口外的任意区域单击，即可将面板隐藏。

34. 将前景色设置为黑色，然后将鼠标光标移动到提绳的两个端点位置依次单击，制作出手提袋的绳孔效果，如图 2-61 所示。

35. 用与步骤 26～步骤 31 相同的方法，制作出另一端的提绳效果，如图 2-62 所示。注意图层堆叠顺序的调整。

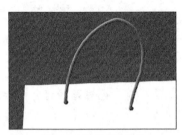

图2-61 制作的绳孔效果

图2-62 制作出的手提袋效果

36. 按 Ctrl+S 组合键，将此文件命名为"手提袋设计.psd"保存。

【视野拓展】——常用手提袋设计尺寸

手提袋印刷的尺寸通常根据包装品的尺寸而定。下面提供一些手提袋常见的几种印刷尺寸，设计师在设计的时候可以进行参考。在设计时如果客户有特殊的尺寸需求，建议在设计之前需要和印刷厂或相关印刷公司的业务人员进行联系，来确认印刷成本。

通用的手提袋印刷标准尺寸分三开、四开或对开三种。每种又分为正度或大度两种。其手提袋印刷净尺寸由长×宽×高组成。

- 正度四开尺寸（ 280 mm × 200 mm × 60mm ）
- 大度四开尺寸（ 340 mm × 210 mm × 75mm ）
- 正度三开尺寸（ 340 mm × 210 mm × 75mm ）
- 大度三开尺寸（ 360 mm × 280 mm × 80mm ）
- 正度对开尺寸（ 400 mm × 290 mm × 90mm ）
- 大度对开尺寸（ 450 mm × 210 mm × 100mm ）

项目实训

参考本项目范例的操作过程，请读者绘制出下面的太阳伞和塑料手提袋图形。

实训一　太阳伞设计

要求：灵活运用【多边形】工具和【多边形套索】工具、【圆角矩形】工具，并结合【变换】命令和重复旋转复制操作来设计如图 2-63 所示的太阳伞。

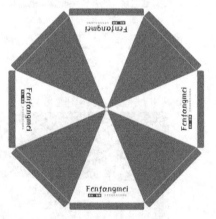

图2-63 绘制的太阳伞

【设计思路】

太阳伞是企业文化宣传的组成部分，该太阳伞采用红白交错的色块来进行设计，视觉冲击力强，在白色部分放置了产品名称，重点突出，极具视觉宣传效果。

【步骤解析】

1. 新建一个【宽度】为"20 厘米"、【高度】为"20 厘米"、【分辨率】为"100 像素/英寸"、【颜色模式】为"RGB 颜色"、【背景内容】为"白色"的文件。

2. 执行【视图】/【新建参考线】命令，弹出【新建参考线】对话框，设置选项及参数如图 2-64 所示。单击 　　确定　　 按钮，即可在画面中的垂直方向上添加一条参考线。

> 首先执行【视图】/【标尺】命令，将标尺在图像文件中显示，然后将鼠标光标放置到标尺内，按下鼠标左键并向图像文件中拖曳，释放鼠标左键后，可手动添加参考线。

3. 用与步骤 2 相同的方法，在画面中的水平方向"10 厘米"位置处再添加一条参考线，然后在【图层】面板中新建"图层 1"。

4. 将前景色设置为浅绿色（R:230，B:100），然后选择 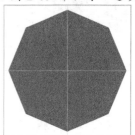 工具，并激活属性栏中的 □ 按钮。

5. 将属性栏中边 |8| 的参数设置为"8"，然后按住 Shift 键，将鼠标光标移动到两条参考线的交点位置，按住鼠标左键并拖曳鼠标光标，绘制如图 2-65 所示的八边形。

图2-64　【新建参考线】对话框参数设置

图2-65　绘制出的八边形

【功能链接】

单击 ⬡ 工具属性栏中的 ⁻ 按钮，将弹出【多边形选项】面板，各选项功能如下。

- **【半径】**：用于设置多边形或星形的半径。该文本框中无数值时，拖曳鼠标光标可绘制任意大小的多边形或星形；在文本框中设置相应的数值，则可以绘制固定大小的多边形或星形。
- **【平滑拐角】**：勾选此复选项，可以绘制具有平滑拐角形态的多边形或星形。
- **【星形】**：不勾选此复选项时，可绘制多边形图形；勾选此复选项，可以绘制边向中心位置缩放的星形图形。
- **【缩进边依据】**：勾选【星形】复选项后此项才可用，用于控制边向中心缩进的程度。数值越大缩进量越大，效果越明显。
- **【平滑缩进】**：勾选此复选项，可以使星形的边平滑地向中心缩进。

6. 执行【视图】/【对齐到】/【参考线】命令，启动对齐参考线功能。若【参考线】命令前面有图标，表示已启动对齐参考线功能。此步骤可省略。

7. 利用 ⬦ 工具绘制出如图 2-66 所示的选区。

8. 新建"图层 2"，并为选区填充白色，再按 Ctrl + T 组合键为图形添加自由变换框，然后单击属性栏中【参考点位置】按钮右下角的控制点⬚，将旋转中心调整至图形的右下角位置。

9. 将属性栏中 ⊿ 90 度的参数设置为 "90"，旋转后的图形形态如图 2-67 所示，然后按 Enter 键，确认图形的旋转操作。

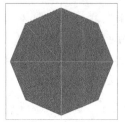

图2-66 绘制的选区

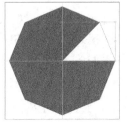

图2-67 图形旋转后的形态

10. 按住 Shift+Ctrl+Alt 组合键，按 3 次 T 键，旋转复制图形，最终效果如图 2-68 所示，然后按 Ctrl+D 组合键，将选区去除。

11. 将 "图层 1" 设置为工作层，然后利用【图层】/【图层样式】/【描边】命令为其添加描边效果，参数设置如图 2-69 所示。

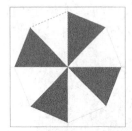

图2-68 旋转复制出的图形

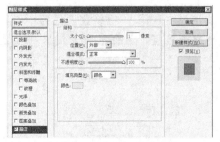

图2-69 【描边】选项参数设置

12. 将 "图层 1" 和 "图层 2" 同时选择，按 Ctrl+T 组合键为图形添加自由变换框，然后将属性栏中 ⊿ 22.5 度的参数设置为 "22.5"，将图形旋转角度，以利于下面的操作。

13. 选择 ▢ 工具，并将属性栏中 半径: 8 px 的参数设置为 "8 px"，然后根据太阳伞图形绘制伞沿图形，并利用重复旋转复制图形的方法将其旋转，最终效果如图 2-70 所示。注意要将生成的 "形状" 层调整至 "图层 1" 的下方。

14. 打开任务二中的 "手提袋设计.psd" 文件，利用 ⊕ 工具将文字信息移动复制到新建的 "太阳伞" 文件中，然后将其调整大小并进行旋转复制。

15. 利用 ◔ 工具在伞中心位置绘制圆形，然后为其描绘灰色边缘，即可完成太阳伞的绘制，最终效果如图 2-71 所示。

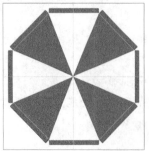

图2-70 旋转复制出的伞沿图形

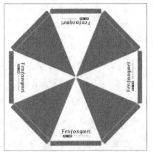

图2-71 制作的太阳伞效果

实训二　塑料手提袋设计

要求：灵活运用选区工具、移动复制操作及【路径】工具，制作出如图 2-72 所示的塑料手提袋效果。

【设计思路】

该手提袋采用了挖空方式作为手提的结构，样式新颖大方；背景采用了斜条纹平铺效果，给人一种韵律的美感；中心位置放置标志和产品名称，主题明确突出；下边缘放置产品宣传语，起到与标志平衡呼应的视觉作用。

【步骤解析】

1. 新建文件，然后新建"图层 1"，并利用 工具在画面中自左向右拖曳鼠标光标绘制灰色的矩形。

2. 按住 Ctrl 键单击"图层 1"，为图形添加选区，然后用移动复制图形的方法依次将其向下移动复制，去除选区后的效果如图 2-73 所示。

3. 按 Ctrl+T 组合键，为图形添加变换框，然后将其调整至如图 2-74 所示的形态。

图2-72　绘制的塑料手提袋效果

图2-73　复制出的图形

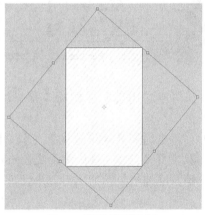

图2-74　图形调整后的形态

4. 确认图形的调整后，按 Ctrl+A 组合键，将图像窗口内的图像选择，然后执行【图像】/【裁剪】命令，将图像窗口以外的图像删除。

> 创建选区后，执行【图像】/【裁剪】命令，可将选区以外不需要的图像裁剪，以此来减小文件大小，提高计算机的运行速度。

5. 选择 工具，并将属性栏中 半径：100 px 的参数设置为"100 px"，然后在画面上方的中间位置绘制出如图 2-75 所示的路径。

6. 按 Ctrl+Enter 组合键，将路径转换为选区，然后按 Delete 键，将该区域内的斜线删除。

7. 在"背景"层上双击鼠标，在弹出的【新建图层】对话框中，单击 确定 按钮，将背景层转换为普通层，然后按 Delete 键，也将该区域内的图像删除，制作出手提袋提手处的镂空效果。

8. 在"图层 1"上方新建"图层 2"，然后为选区描绘黑色边缘，将路径隐藏后的效果如图 2-76 所示。

图2-75 绘制的路径　　　　　　　　　　　　　　　　图2-76 制作的镂空效果

9. 灵活运用工具和工具，绘制标志图形和花边图形，再利用工具输入相关文字，即可完成塑料手提袋的制作。

项目小结

本项目主要学习了 CIS 设计应用系统中办公用品和礼品图形的绘制，包括名片、手提袋和太阳伞图形等。通过本项目的学习，希望读者在掌握软件功能的基础上，也能学会 CIS 设计的技巧及企业标志在实际设计中的灵活运用和体现，这将大大提高读者的设计能力。

思考与练习

1. 灵活运用选区工具及【渐变】工具，绘制如图 2-77 所示的纸杯图形。

2. 综合运用【矩形选框】工具、【文字】工具、移动复制操作及【变换】命令制作手提袋图形，制作完成的手提袋平面展开图及立体效果图如图 2-78 所示。

图2-77 绘制的纸杯效果

图2-78 制作完成的手提袋平面展开图及立体效果图

企业 POP 挂旗与指示牌设计

POP 挂旗和指示牌是企业对内、对外情报信息传达的大众化媒体之一，它们是企业的象征。一般社会大众和消费者往往是通过企业的旗帜和指示牌来认识企业的，因此，决不能忽视对 POP 挂旗和指示牌等应用系列的设计和开发，它们是扩大企业知名度的窗口，对企业形象的树立有极大的影响。

本项目将设计企业的 POP 挂旗及指示牌。设计完成的效果如图 3-1 所示。

图3-1 设计完成的企业 POP 挂旗和指示牌

学习目标

了解企业 POP 挂旗和指示牌的设计方法。
熟悉【图层样式】命令的运用。
掌握路径的填充功能。
熟悉拷贝和粘贴图层样式的操作。
学习调整图层堆叠顺序的方法。
掌握复制和粘贴图像的方法。
掌握选择图层的几种方法。
熟悉【高斯模糊】和【添加杂色】命令的运用。

任务一 金沙滩标志设计

本任务主要利用【钢笔】工具、【转换点】工具、路径的填充功能和【图层样式】命令来设计"金沙滩"标志。

【步骤图解】

金沙滩标志的设计过程示意图如图 3-2 所示。

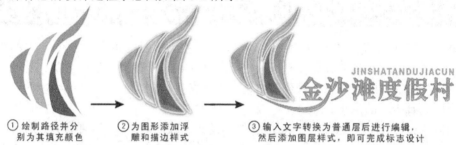

① 绘制路径并分　② 为图形添加浮　③ 输入文字转换为普通层后进行编辑，
别为其填充颜色　　雕和描边样式　　　然后添加图层样式，即可完成标志设计

图3-2　金沙滩标志的设计过程示意图

【设计思路】

该标志是利用鱼的简化变形而设计的，具有很强的视觉冲击力，且突出了度假村的渔民特色。标志的颜色采用了蓝色和橙色对比色，对比中又不失协调的视觉感受，且给人一种五彩斑斓、波光粼粼的海洋气息。

【步骤解析】

1. 新建一个【宽度】为"15 厘米"、【高度】为"9 厘米"、【分辨率】为"150 像素/英寸"、【颜色模式】为"RGB 颜色"、【背景内容】为"白色"的文件。

2. 选择 ![钢笔]工具，在图像窗口中依次单击，绘制如图 3-3 所示的工作路径，然后利用 ![转换点]工具将绘制的路径依次调整至图 3-4 所示的形态。

3. 在【路径】面板中，将"工作路径"拖曳到 ![按钮]按钮上，将工作路径存储为"路径 1"，然后在【图层】面板中新建"图层 1"。

4. 将前景色设置为蓝色（G:175,B:240），单击【路径】面板底部的【用前景色填充路径】按钮 ![按钮]，在新建的图层中以前景色填充选择的路径，填充后的效果如图 3-5 所示。

图3-3　绘制的路径　　　　　图3-4　调整后的路径形态　　　　图3-5　路径填充颜色后的效果

5. 选择 ![路径选择]工具，将鼠标光标移动到最左侧的路径上单击，将其选中，如图 3-6 所示。

6. 在【图层】面板中新建"图层 2"，用步骤 4 相同的方法为其填充蓝色（G:175,B:240），效果如图 3-7 所示。

7. 用步骤 5~6 相同的方法，将其他路径依次选择，并分别在新建的图层上填充颜色，单击【路径】面板中的灰色区域，将路径隐藏后的效果如图 3-8 所示。

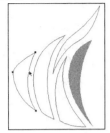

图3-6 选择路径时的状态

图3-7 路径填充颜色后的效果

图3-8 填充颜色后的效果

说明　为路径填充的颜色依次为橘红色（R:250,G:145）、深蓝色（B:165）和红色（R:240,G:100）。

8. 在【图层】面板中将"深蓝色"图形所在的图层设置为当前层，然后执行【图层】/【图层样式】/【斜面和浮雕】命令，弹出【图层样式】对话框，设置各选项及参数如图 3-9 所示。

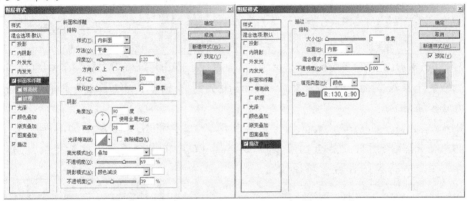

图3-9 【图层样式】对话框参数设置

9. 单击 ___确定___ 按钮，添加图层样式后的图形效果如图 3-10 所示。

10. 执行【图层】/【图层样式】/【拷贝图层样式】命令，将为图形添加图层样式复制。

11. 依次将其他图形所在的图层设置为当前工作层，并分别执行【图层】/【图层样式】/【粘贴图层样式】命令，将复制的图层样式粘贴到其他图层的图形上面，最终效果如图 3-11 所示。

12. 在【路径】面板中单击"路径 1"，将路径在图像窗口中显示。然后在【图层】面板中新建"图层 6"，并将其调整至"图层 1"的下方，如图 3-12 所示。

图3-10 添加图层样式后的效果

图3-11 粘贴图层样式后的图形效果

图3-12 【图层】面板

13. 按 Ctrl+Enter 组合键，将路径转换为选区，然后为其填充深蓝色（B:165）。

14. 执行【图层】/【图层样式】/【投影】命令，弹出【图层样式】对话框，设置各选项及参数如图 3-13 所示。

图3-13 【图层样式】对话框参数设置

15. 单击 确定 按钮，添加图层样式后的图形效果如图 3-14 所示。

16. 选择 T 工具，在图形的右侧依次输入蓝色（G:170,B:240）的"金沙滩度假村"文字及灰色（R:153,G:153,B:153）的拼音字母，如图 3-15 所示。

图3-14 添加图层样式后的图形效果　　　　　　　图3-15 输入的文字和英文字母

17. 将"文字"层设置为当前层，然后执行【图层】/【栅格化】/【文字】命令，将文字层转换为普通层。

18. 利用 🔍 工具将画面局部放大显示，然后利用 ❤ 工具将图 3-16 所示的笔画选中。

19. 按 Delete 键删除图形，然后利用 ✍ 工具和 ✏ 工具在删除笔画的位置绘制如图 3-17 所示的路径，并将其保存为"路径 2"。

图3-16 选择的笔画　　　　　　　　　　　图3-17 绘制的路径

20. 按 Ctrl+Enter 组合键，将路径转换为选区，然后为其填充蓝色（G:170,B:240），按 Ctrl+D 组合键，去除选区。

21. 利用【拷贝图层样式】及【粘贴图层样式】命令，为编辑后的文字层复制单个图形层中的图层样式，最终效果如图 3-18 所示。

图3-18 设计完成的"金沙滩度假村"标志

22. 按 Ctrl+S 组合键，将此文件命名为"金沙滩标志.psd"保存。

【视野拓展】——标志设计中的色彩运用

色彩信息的传播速度要比图形对人的视觉冲击力更强、更快，好的标志形象能给人强烈的视觉冲击，而色彩却是一种先声夺人的广告语。因为它有比图形更快的速度功能，所以被用在一些指示"紧急"和"危险"的场合上，如红色的救火车、白色的救护车等，这些颜色具有高度提示人们的警觉与注意力的功能。

在开始设计企业名称时，要考虑色彩的感觉与联想信息，对激发消费者的心理联想与欲望，树立企业品牌个性，尤为重要。所以一个优秀的设计师必须认真学习和研究色彩的感情、冷暖、轻重感、软硬感、面积感、空间感和味觉感。

色彩的感觉指不同色彩的色相、色度、明度给人带来不同的心理暗示。

(1) 色彩的感情。

- 红色——热烈、刺激、温暖
- 黄色——中性、高贵、较安静
- 绿色——中性、活力、青春、和平、较安静
- 蓝色——给人清冷、恬静、深远感
- 白色——给人纯洁、干净、凄凉感
- 黑色——给人庄重、朴实、悲哀感

(2) 色彩的冷暖感。

红色、橙色、黄色为暖色；紫色、蓝色、绿色为冷色，暖色与冷色之间的颜色为中间色。

(3) 色彩的轻重感。

明度强的颜色感觉轻，明度弱的颜色感觉重，也就是说浅色给人的感觉轻，深色给人的感觉重。

(4) 色彩的软硬感。

暖色、亮色感觉软而柔和，冷色、暗色感觉硬而坚固。

(5) 色彩的面积感。

深暗的色彩给人面积小的感觉。

(6) 色彩的空间感。

明度较强的色彩感觉远，明度较弱的色彩感觉近。

(7) 色彩的味觉感。

黄色、蓝色、绿色，给人酸味感，白色、乳黄色、粉红色给人甜味感，褐色、灰绿色、黑色给人苦味感，红色给人辣味感。暖色系列给人温暖、快活的感觉；冷色系列给人清凉、寒冷和安静的感觉。如将冷暖两色并用，给人的感觉则是暖色向外扩张、前移，冷色向内收缩、后移。了解色彩规律，对选择色彩、突出品牌名称很有实用价值。

任务二 POP 挂旗设计

本任务主要利用【矩形选框】工具、【椭圆选框】工具、【渐变】工具、【移动】工具、【编辑】菜单下的【拷贝】和【贴入】命令及【图层样式】命令，设计 POP 挂旗。

【步骤图解】

POP 挂旗的设计过程示意图如图 3-19 所示。

① 利用选框工具绘制图形，　　② 利用拷贝和贴入命令将　　③ 添加标志图形并调整，
　填充颜色后添加图层样式　　　图案图形贴入旗帜图形中　　　即可完成POP挂旗设计

图3-19　POP 挂旗的设计过程示意图

【设计思路】

该 POP 为室内悬挂展示用品，形状采用长方形加半圆形，简洁大方。画面图案运用了大海的波浪造型，圆形表示浪花。颜色采用蓝色、紫色和绿色，突出了海的颜色。

【步骤解析】

1. 按 Ctrl+O 组合键，将教学辅助资料中 "图库\项目三" 目录下名为 "背景.jpg" 的文件打开，如图 3-20 所示。

2. 选择 ⬚ 工具，在属性栏的【样式】下拉列表中选择【固定大小】选项，然后将右侧【宽度】和【高度】选项的值均设置为 "320 像素"。

【知识链接】

【样式】下拉列表中共有【正常】、【固定长宽比】和【固定大小】3 个选项。

- 【正常】：设置此选项，可以在图像中创建任意大小或比例的选区。
- 【固定长宽比】：设置此选项，可以通过设置【宽度】和【高度】值来约束选区的宽度和高度比。
- 【固定大小】：设置此选项，可以直接在【样式】右侧指定选区的宽度和高度，以确定选区的大小，其单位为 "像素"。

3. 将鼠标光标移动到画面中单击，创建如图 3-21 所示的正方形选区。

图3-20　打开的图片文件　　　　　　　　图3-21　绘制的正方形选区

4. 选择 ⬭ 工具，在属性栏的【样式】列表中选择【固定大小】选项，然后将【宽度】和【高度】值均设置为 "320 像素"。将鼠标光标移动到画面中单击，创造圆形选区。

绘制完固定大小的正方形选区和圆形选区后，注意将 工具和 工具的【样式】均设置为【正常】选项，以便下面绘制其他样式的选区。

5. 激活属性栏中的 按钮，然后将鼠标光标移动到画面中单击，此时在不释放鼠标左键的情况下拖曳鼠标光标，可以调整绘制选区的位置。

6. 将选区调整至图 3-22 所示的位置，释放鼠标左键后生成的选区形态如图 3-23 所示。

图3-22 圆形选区放置的位置

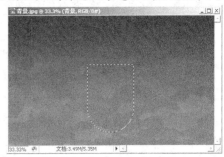
图3-23 生成的选区形态

7. 新建"图层 1"，并为选区填充白色，然后按 Ctrl+D 组合键去除选区。

8. 执行【图层】/【图层样式】/【投影】命令，弹出【图层样式】对话框，参数设置如图 3-24 所示。

9. 单击 确定 按钮，为图形添加图层样式后的效果如图 3-25 所示。

 为了能看清添加的投影效果，图示中显示的是将"背景"层隐藏后的效果。

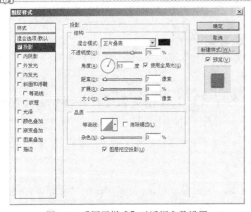
图3-24 【图层样式】对话框参数设置

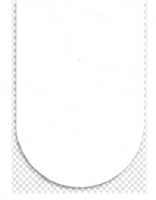
图3-25 图形添加图层样式后的效果

10. 新建"图层 2"，然后利用 工具绘制如图 3-26 所示的选区。

11. 按 D 键将前景色和背景色设置为默认颜色。

12. 选择 工具，按住 Shift 键，在矩形选区内由下向上拖曳鼠标光标填充如图 3-27 所示的渐变色，然后按 Ctrl+D 组合键去除选区。

图3-26 绘制的矩形选区

图3-27 填充渐变色后的效果

13. 将"图层 1"设置为工作层，然后执行【图层】/【图层样式】/【拷贝图层样式】命令。

14. 将"图层 2"设置为工作层，然后执行【图层】/【图层样式】/【粘贴图层样式】命令，如图 3-28 所示。

图3-28 粘贴图层样式后的效果

15. 按 $\boxed{Ctrl}+\boxed{O}$ 组合键，打开教学辅助资料中"图库\项目三"目录下的"图案.psd"文件，如图 3-29 所示。

> 此图案文件读者也可根据"任务一"制作标志图形的方法，利用【路径】工具自己绘制。以便巩固【钢笔】工具和【转换点】工具的应用。

16. 执行【图层】/【合并可见图层】命令（快捷键为 $\boxed{Shift}+\boxed{Ctrl}+\boxed{E}$ 组合键），将所有图层合并，然后执行【选择】/【全部】命令（快捷键为 $\boxed{Ctrl}+\boxed{A}$ 组合键），将图案选择。

17. 执行【编辑】/【拷贝】命令（快捷键为 $\boxed{Ctrl}+\boxed{C}$ 组合键），将选择的图案复制。

18. 将"背景"文件设置为工作状态，然后按住 $\boxed{Ctrl}$ 键单击"图层 1"左侧的缩略图，为白色图形添加选区。

19. 执行【编辑】/【贴入】命令（快捷键为 $\boxed{Shift}+\boxed{Ctrl}+\boxed{V}$ 组合键），将复制的图案贴入白色图形中，如图 3-30 所示。生成的【图层】面板形态如图 3-31 所示。

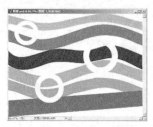  

图3-29 打开的图案文件   图3-30 贴入后的效果   图3-31 【图层】面板形态

【知识链接】

在 Photoshop CS3 中，利用【编辑】菜单中的【剪切】、【拷贝】、【合并拷贝】、【粘贴】和【贴入】等命令可以复制图像。这些命令通常需要配合使用，其工作原理为，先利用【剪切】、【拷贝】或【合并拷贝】命令将要复制的图像保存到剪贴板中，然后再用【粘贴】或【贴入】命令将剪贴板中的图像粘贴到指定位置。

> 剪贴板是临时存储复制内容的系统内存区域，它只能保存最后一次复制的内容。也就是说，用户每次将指定的内容复制到剪贴板之后，此内容都将覆盖剪贴板中已存在的内容。

- 【剪切】命令：此命令可以将选区内的图像剪切并保存到剪贴板中，在剪切过程中，原图层中的图像消失。快捷键为 $\boxed{Ctrl}+\boxed{X}$ 组合键。
- 【拷贝】命令：此命令可以将选区内的图像复制并保存到剪贴板中，并保持原图层中的图像。快捷键为 $\boxed{Ctrl}+\boxed{C}$ 组合键。

> 【剪切】命令与【拷贝】命令的功能相似，只是它们复制图像的方法不同。前者是将选择的图像在原图像文件中剪掉后复制到剪贴板中，原图像被破坏；后者是在原图像不被破坏的情况下，将选择的图像复制到剪贴板中。

- 【合并拷贝】命令：当文件中含有多个图层时，此命令可以将选区内所有图层中的图像合并复制保存到剪贴板中，并扔掉复制图像的图层信息。快捷键为 Ctrl+Shift+C 组合键。
- 【粘贴】命令：此命令可以将剪贴板中保存的图像粘贴到当前文件中，并在【图层】面板中生成一个新图层。快捷键为 Ctrl+V 组合键。
- 【贴入】命令：在当前文件中创建选区之后，此命令才可用，它可以将剪贴板中保存的图像粘贴到选区之内，从而使选区之外的图像不可见，并在【图层】面板中生成新的具有图层蒙版的图层。快捷键为 Ctrl+Shift+V 组合键。

20. 按 Ctrl+T 组合键，为图案图形添加自由变换框。按住 Alt+Shift 组合键，并在右上角的调节点上按下鼠标左键向左下方拖曳，将图案图形以中心等比例缩小。释放按键后，将自由变换框调整至图 3-32 所示的位置。

21. 单击属性栏中的 ✔ 按钮，确认图案的缩小及移动操作。

> 在变形框内双击或按 Enter 键，也可确认图像的变形操作。单击属性栏中的 ⊘ 按钮或按 Esc 键，将取消图像的变形操作。

22. 打开任务一中制作的金沙滩标志文件，将"背景"层隐藏，然后按 Shift+Ctrl+E 组合键，将所有可见图层合并。

23. 利用 ✛ 工具，将合并后的标志图形移动复制到"背景"文件中，然后利用【自由变换】命令将其调整至图 3-33 所示的大小及位置。

24. 按 Enter 键，确认标志图形的缩小及移动操作。

25. 在【图层】面板中，将除"背景"层外的所有图层同时选择。

【知识链接】

选择多个图层的方法主要有以下几种。

- 按住 Shift 键依次单击两个不相邻的图层，可以将其及中间所有图层同时选择。
- 按住 Ctrl 键依次单击图层，可以选择多个不连续的图层。
- 执行【选择】/【相似图层】命令，可以将与当前工作层相似的图层选择；如当前层为文字层，执行此命令后，系统会同时将文件中的所有文字层选择。
- 执行【选择】/【所有图层】命令，系统会将除"背景"层外的所有图层同时选择。

26. 将选择的图层拖曳到 ⬛ 按钮上，复制图层，然后按 Ctrl+E 组合键将复制的图层合并。

27. 将合并的图层拖曳到 ⬛ 按钮上，复制合并后的图层，此时的【图层】面板形态如图 3-34 所示。

图3-32　调整自由变换框的大小及位置　　　图3-33　图形调整后的大小及位置　　　图3-34　【图层】面板

28. 在【图层】面板中将复制的两个图层同时选择，然后向下调整至"图层 1"的下方。

29. 分别选择复制的图层，利用【自由变换】命令依次将其调整至图 3-35 所示的形态，完成 POP 挂旗的设计。

30. 按 Shift+Ctrl+S 组合键，将此文件另命名为 "POP 挂旗设计.psd" 保存。

图3-35　完成的 POP 挂旗设计

【视野拓展】——POP 设计相关知识

（1）编排：POP 排版，首先要考虑采用直式还是横式进行排版，设计时要注意四边留有空间，以免版面零散，内容不够集中，给人以粗制滥造的感觉。

（2）主标题：这是 POP 的重心，是最能留住观众目光的地方，所以字体一定要醒目、清晰、容易阅读，字数不要过多。

（3）副标题：如果主标题无法充分说明内容，或为了使内容更能吸引观众，可以使用副标题来补充说明主标题。在编排形式上要采用主标题在上，副标题在下，或主标题在右，副标题在左的形式，这样可以使观众的目光由主标题到副标再到具体内容的说明文上，这样符合人们的阅读习惯，这也是 POP 设计成功的关键。

（4）说明文：说明文是 POP 中将内容、目的充分说明的文案，书写时要注意简明扼要，避免语句不顺。

（5）插图：单纯用文字来设计的 POP 较单调，不能够吸引读者的眼球，如果用插图搭配文字来设计是最好的调节办法，在插图的选取上要尽量选取简洁或具有较明确说明内容的图形。

（6）装饰：边框、图案底纹是较常用的方法。在选取边框或图案底纹时要注意图形的简洁和明快。在修饰画面内容时，标题大字不修饰会显得单调，而说明性的小字太多，如果修饰过多会防碍阅读。

任务三　指示牌设计

本任务主要利用【钢笔】工具、【转换点】工具、【渐变】工具和各种选框工具、【文字】工具，并结合【色相/饱和度】命令和各种【滤镜】命令来设计企业的指示牌图形。

【步骤图解】

指示牌的设计过程示意图如图 3-36 所示。

① 综合运用各种工具绘制指示牌的结构图形　② 利用【钢笔】工具及路径的描绘功能制作出的线形　③ 移动复制入标志图形后利用【文字】工具输入相应文字　④ 添加素材图片进行调整即可完成指示牌的绘制

图3-36　指示牌的设计过程示意图

【设计思路】

该指示牌造型新颖大方，企业名称放置位置突出；颜色采用灰色、白色以及橘红色，色彩统一协调。

【步骤解析】

1. 新建一个【宽度】为"15 厘米"、【高度】为"20 厘米"、【分辨率】为"150 像素/英寸"、【颜色模式】为"RGB 颜色"、【背景内容】为"白色"的文件。

2. 利用 ⚲ 工具和 ↖ 工具，绘制并调整出如图 3-37 所示的工作路径，然后将绘制的路径保存为"路径 1"。

3. 单击【路径】面板下方的 ◯ 按钮，将路径转换为选区，然后在【图层】面板中新建"图层 1"。

4. 选择 ▨ 工具，再单击属性栏中 ▭▾ 的颜色条部分，在弹出的【渐变编辑器】对话框中，设置如图 3-38 所示的渐变色，然后单击 确定 按钮。

5. 激活属性栏中的 ▨ 按钮，按住 Shift 键在选区中由上至下拖曳鼠标光标，填充渐变色，效果如图 3-39 所示。然后按 Ctrl+D 组合键去除选区。

图3-37　绘制出的路径　　　图3-38　【渐变编辑器】对话框参数设置　　　图3-39　填充渐变色后的效果

6. 利用 ⚲ 工具和 ↖ 工具，绘制如图 3-40 所示的路径，并将路径保存为"路径 2"。

7. 按 Ctrl+Enter 组合键将路径转换为选区，然后在【图层】面板中新建"图层 2"。

8. 选择 ▨ 工具，再单击属性栏中 ▭▾ 的颜色条部分，在弹出的【渐变编辑器】对话框中，设置如图 3-41 所示的渐变色，然后单击 确定 按钮。

9. 按住 Shift 键，在选区中由上至下拖曳鼠标光标，填充渐变色，效果如图 3-42 所示。然后按 Ctrl+D 组合键去除选区。

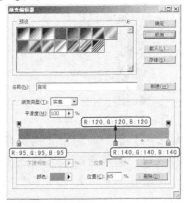

图3-40　绘制出的路径　　　图3-41　【渐变编辑器】对话框参数设置　　　图3-42　填充渐变色后的效果

10. 新建"图层 3"，然后利用 ▢ 工具绘制如图 3-43 所示的矩形选区。

11. 选择 ▣ 工具，再单击属性栏中 ▱ 的颜色条部分，在弹出的【渐变编辑器】对话框中，设置如图 3-44 所示的渐变色，然后单击 确定 按钮。

12. 按住 Shift 键，在选区中由左至右拖曳鼠标光标，填充渐变色，效果如图 3-45 所示。然后按 Ctrl + D 组合键去除选区。

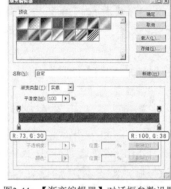

图3-43　绘制的矩形选区　　　　　　图3-44　【渐变编辑器】对话框参数设置　　　　　图3-45　填充渐变色后的效果

13. 新建"图层 4"，再利用 ▢ 工具在矩形的左侧绘制一个矩形选区，并为其填充橘黄色（R:218,G:113,B:33），如图 3-46 所示。然后按 Ctrl + D 组合键去除选区。

14. 用与步骤 2～步骤 9 相同的方法，依次绘制如图 3-47 所示的结构图形。

15. 将"图层 6"（即步骤 14 中绘制的结构图形所在的图层）复制生成为"图层 6 副本"，然后将复制的图层调整至"图层 6"的下方，再单击【图层】面板左上方的 ▨ 按钮，锁定"图层 6 副本"的透明像素。

16. 为"图层 6 副本"的图形填充黑色，并将其向右移动至图 3-48 所示的位置，然后单击【图层】面板上方的 ▨ 按钮，取消锁定"图层 6 副本"的透明像素。

图3-46　选区填充颜色后的效果　　　　　图3-47　绘制出的结构图形　　　　　图3-48　图形放置的位置

17. 执行【滤镜】/【模糊】/【高斯模糊】命令，弹出【高斯模糊】对话框，设置参数如图 3-49 所示，然后单击 确定 按钮，模糊后的效果如图 3-50 所示。

18. 新建"图层 7"，并将其调整至"图层 6"的上方，然后利用 ▱ 工具绘制如图 3-51 所示的选区。

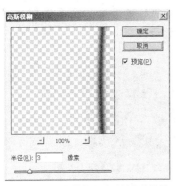

图3-49 【高斯模糊】对话框参数设置

图3-50 模糊后的效果

图3-51 绘制的选区

19. 选择 ▦ 工具，再单击属性栏中 ▬▬▬▬▬ 的颜色条部分，在弹出的【渐变编辑器】对话框中，设置如图 3-52 所示的渐变色，然后单击 确定 按钮。

20. 在选区中由左上角至右下角拖曳鼠标光标，填充渐变色，效果如图 3-53 所示。然后按 Ctrl+D 组合键去除选区。

图3-52 【渐变编辑器】对话框参数设置

图3-53 填充渐变色后的效果

21. 新建"图层 8"，利用 ▨ 工具绘制如图 3-54 所示的选区，并为其填充步骤 11 中设置的渐变色，然后按 Ctrl+D 组合键去除选区。填充渐变色后的效果如图 3-55 所示。

22. 用与步骤 21 相同的方法，绘制如图 3-56 所示的结构图形。

图3-54 绘制的选区

图3-55 填充渐变色后的效果

图3-56 绘制的结构图形

23. 新建"图层 10"，并将其调整至"图层 8"的下方，然后利用 ▨ 工具绘制如图 3-57 所示的选区，并为其填充黑色，效果如图 3-58 所示。

24. 将前景色设置为灰色（R:145,G:145,B:145），再选择 ✎ 工具，设置合适的笔头大小，在选区中绘制如图 3-59 所示的灰色。然后按 Ctrl+D 组合键去除选区。

图3-57 绘制的选区

图3-58 填充颜色后的效果

图3-59 绘制的灰色

25. 执行【滤镜】/【模糊】/【高斯模糊】命令，弹出【高斯模糊】对话框，设置参数如图 3-60 所示。单击 确定 按钮，模糊后的效果如图 3-61 所示。

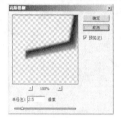

图3-60 【高斯模糊】对话框参数设置

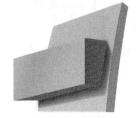

图3-61 模糊后的效果

26. 选择 ✎ 工具，依次绘制如图 3-62 所示的路径。

27. 选择 ✎ 工具，然后单击属性栏中【画笔】选项右侧的 按钮，在弹出的【画笔笔头】面板中，设置参数如图 3-63 所示。

28. 新建"图层 11"，并将其调整至"图层 9"的上方，然后将前景色设置为灰色（R:183,G:183,B:183）。

29. 单击【路径】面板底部的 ○ 按钮描绘路径，然后在【路径】面板中的灰色区域处单击，隐藏路径，效果如图 3-64 所示。

图3-62 绘制的路径

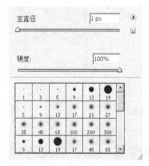

图3-63 【画笔笔头】设置面板

图3-64 描绘路径后的效果

30. 在【图层】面板中，将"图层 11"的 不透明度 60% 参数设置为"60%"，然后将"图层 11"复制生成为"图层 11 副本"层。

31. 单击【图层】面板上方的 按钮，锁定"图层 11 副本"的透明像素，并为其填充白色。然后按键盘中的下方向键，将其向下移动位置，效果如图 3-65 所示。

32. 选择 T 工具，依次输入图 3-66 所示的黑色文字，然后执行【图层】/【栅格化】/【文字】命令，将文字层转换为普通层。

33. 按 Ctrl+T 组合键，为文字添加自由变换框，然后按住 Ctrl 键，将文字调整至图 3-67 所示的形态。

图3-65 复制的图形

图3-66 输入的文字

图3-67 调整后的文字形态

34. 打开任务一中设计的 "金沙滩标志.psd" 文件，在【图层】面板中将各图层中的效果层和 "背景" 层删除，再按 Shift+Ctrl+E 组合键合并所有可见图层，然后将合并后的图形移动复制到新建文件中。

35. 按 Ctrl+T 组合键，为标志图形添加自由变换框，再按住 Ctrl 键将标志图形调整至图 3-68 所示的形态。按 Enter 键确认图形的扭曲变形操作。

36. 锁定标志图形所在图层中的透明像素，然后为调整后的标志图形填充白色，效果如图 3-69 所示。

37. 选择 T 工具，输入图 3-70 所示的橘黄色（R:225,G:143,B:70）英文字母。

图3-68 调整后的图形形态　　　　图3-69 修改颜色后的图形效果　　　　图3-70 输入的文字

38. 按 Ctrl+O 组合键，将教学辅助资料中 "图库\项目三" 目录下名为 "效果图.jpg" 的文件打开。

39. 将 "效果图" 图片移动复制到新建文件中，并将其调整至 "图层 1" 的下方，然后按 Ctrl+T 组合键将其调整至与图像窗口相同的大小，如图 3-71 所示。

40. 执行【图像】/【调整】/【色相/饱和度】命令，弹出【色相/饱和度】对话框，设置各选项及参数如图 3-72 所示，然后单击 确定 按钮，调整颜色后的画面效果如图 3-73 所示。

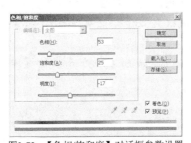

图3-71 图片调整后的形态　　　　图3-72 【色相/饱和度】对话框参数设置　　　　图3-73 调整后的效果

41. 执行【滤镜】/【模糊】/【高斯模糊】命令，在弹出的【高斯模糊】对话框中将【半径】的值设置为 "3 px"，单击 确定 按钮，模糊后的画面效果如图 3-74 所示。

42. 执行【滤镜】/【杂色】/【添加杂色】命令，弹出【添加杂色】对话框，设置各选项及参数如图 3-75 所示，单击 确定 按钮，添加杂色后的画面效果如图 3-76 所示。

图3-74 模糊后的画面效果　　　　图3-75 【添加杂色】对话框参数设置　　　　图3-76 添加杂色后的画面效果

43. 按 Ctrl+S 组合键，将此文件命名为 "企业指示牌.psd" 保存。

项目实训

参考本项目范例的操作过程，请读者设计出下面的标志图形及企业 POP 挂旗和企业指示牌图形。

实训一　吊旗设计

要求：利用【文字】工具、【钢笔】工具、【转换点】工具和【自定形状】工具，设计如图 3-77 所示的商场吊旗。

【设计思路】

该吊旗是冬季商场提醒人们注意保暖的提醒牌，画面图案采用了拟人化雪人和卡通场景，具有很强的趣味性；冬天的颜色本应该是冷色，但该吊旗采用了暖色，主要是在严寒的冬天给人以温暖的感觉。

图3-77　设计完成的吊旗效果

【步骤解析】

1. 新建文件利用 T 工具输入"冬日"文字，字体设置为"方正中倩简体"。
2. 执行【图层】/【文字】/【转换工作路径】命令，将文字转换为工作路径。
3. 利用 工具将"冬"字区域放大显示，然后选择 工具，并将鼠标光标依次移动到如图 3-78 所示的锚点位置单击，将其删除。
4. 选择 工具，将鼠标光标移动到如图 3-79 所示的位置单击，添加一个节点。

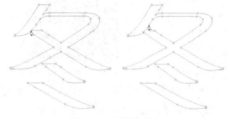

图3-78　要删除的锚点　　　　　　　　　　　　　图3-79　添加锚点的位置

5. 选择 工具，在添加的锚点上单击，将其转换为角点，然后利用 工具将其调整至如图 3-80 所示的位置。
6. 灵活运用 工具和 工具，将路径调整至如图 3-81 所示的心形，然后利用 工具，将如图 3-82 所示的锚点框选。

图3-80　锚点调整的位置　　　　图3-81　调整的心形　　　　图3-82　框选的锚点

7. 按键盘中的 ↑ 键，将选择的锚点向上调整位置，如图 3-83 所示。

8. 灵活运用 工具、 工具和 工具，将"冬"字路径调整至如图 3-84 所示的形态。

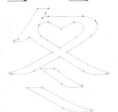 

图3-83 选择锚点调整后的位置　　　　　　　　　　图3-84 调整后的路径形态

9. 灵活运用各种路径工具及【图层】/【文字】/【转换工作路径】命令制作出其他文字的路径效果，如图 3-85 所示。

图3-85 调整后的路径效果

10. 将教学辅助资料中"图库\项目三"目录下名为"插画.jpg"的文件打开，然后在"背景"层上双击，将"背景"层转换为普通层"图层 0"。

11. 利用 工具和 工具绘制出如图 3-86 所示的路径，然后执行【图层】/【矢量蒙版】/【当前路径】命令，为图层添加矢量蒙版。

12. 利用【图层】/【图层样式】/【投影】命令，为图像添加投影，效果及【图层】面板如图 3-87 所示。

图3-86 绘制的路径　　　　　　　　　　图3-87 调整的吊旗形态

13. 将前面制作的文字路径转换为选区，然后移动到"插画"文件中。

14. 新建图层并为选区填充渐变色，然后添加【外发光】和【描边】效果。

15. 将教学辅助资料中"图库\项目三"目录下名为"花.psd"的文件打开，然后将其移动复制到"插画"文件中，调整后放置到画面的右上角位置。

16. 新建图层，利用 工具在画面的上方依次绘制不同的雪花图形，然后将其【不透明度】设置为"10%"，即可完成吊旗的制作。

实训二　道旗设计

要求：利用【矩形选框】工具、【渐变】工具、【文字】工具，结合剪贴蒙版功能和移动复制操作，设计如图 3-88 所示的道旗。

【设计思路】

道旗是悬挂在马路或步行街两侧的旗帜，造型一般采用长方形。画面内容可以是图像、也可以只是文字，但内容必须醒目突出。该道旗最上边放置了标志，突出了企业形象，在旗杆的两侧分别放置"售楼中心"和企业宣传语"巅峰之作　魅力之城"，主题突出明了，让阅读者一眼就能看明白所宣传的内容。

【步骤解析】

1. 依次新建图层，利用 ▦ 工具绘制代表旗杆的矩形选区，并分别执行【图层】/【新填充图层】/【渐变】命令，为矩形选区填充渐变色，效果及渐变颜色设置如图 3-89 所示。

图3-88　设计完成的道旗

> 当利用【渐变填充】对话框为横向的矩形选区填充渐变色时，要将【渐变填充】对话框中的【角度】选项设置为"-90"度。

2. 将教学辅助资料中"图库\项目三"目录下名为"底纹.psd"的文件打开，然后将其移动复制到新建的文件中，调整至如图 3-90 所示的形态及位置。

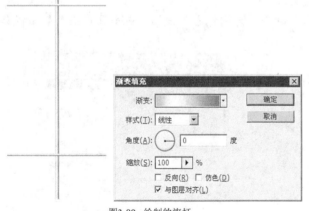

图3-89　绘制的旗杆

图3-90　底纹调整的形态及位置

3. 在【图层】面板中将底纹的【不透明度】参数设置为"20%"，然后执行【图层】/【创建剪贴蒙版】命令，生成的效果及【图层】面板如图 3-91 所示。

4. 利用 ▦ 工具绘制道旗上方及下方的矩形图形，然后利用 ⊤ 工具输入相关文字，再灵活运用移动复制操作及 ⊤ 工具，制作另一侧的道旗，即可完成道旗的设计。

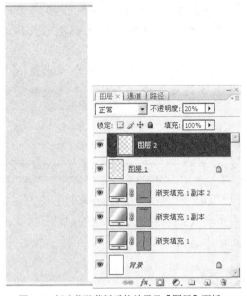

图3-91　创建剪贴蒙版后的效果及【图层】面板

实训三　警示牌设计

要求：利用【矩形选框】工具、【文字】工具和【自定形状】工具，并结合旋转操作、缩放选区操作及【自由变换】命令，设计如图 3-92 所示的警示牌。

图3-92　设计的草地警示牌及效果

【设计思路】

这是一个安装在草坪上爱护花草的警示牌，造型像一枝正在开放的花朵，左右各有叶子，中间的菱形表示花朵。

【步骤解析】

1. 绘制正方形选区，填充颜色后将其旋转 45 度，然后执行【选区】/【变换选区】命令，将选区以中心等比例缩小。

2. 为选区描绘黄色的边缘，然后利用 T 工具输入警示语。

3. 利用 ▢ 工具及【自由变换】命令，绘制出下方图形的立体效果，然后利用【自定形状】工具及【图层样式】命令，制作警示牌上的花艺装饰。注意各图层堆叠顺序的调整。

4. 打开教学辅助资料中"图库\项目三"目录下名为"风景.jpg"的图像文件。将绘制的警示牌全部选择并移动复制到该文件中，调整大小后旋转到画面的右下角位置，即可完成警示牌的制作。

项目小结

本项目主要学习了企业 POP 挂旗和企业指示牌的制作方法。通过本项目的学习，希望读者能熟练掌握【路径】工具和【图层样式】命令的灵活运用。在实际工作过程中，充分发挥读者的想象力，制作出其他形式的 POP 挂旗和企业指示牌。

思考与练习

1. 利用【套索】工具、【矩形选框】工具和【文字】工具，并结合【编辑】/【描边】命令，设计如图 3-93 所示的标志图形。

2. 利用【矩形选框】工具、【渐变】工具、【自由变换】命令和【图层样式】命令，设计如图 3-94 所示的 POP 挂旗。

3. 主要利用【矩形选框】工具、【多边形套索】工具和【文字】工具，并结合【图层】/【图层样式】/【投影】命令来制作指示牌图形，然后用与任务三中相同的调整图像的方法，为指示牌添加效果图背景图片。设计完成的指示牌效果如图 3-95 所示。

图3-93 设计的标志

图3-94 设计的 POP 挂旗

图3-95 设计的指示牌

项目四

宣传品设计

企业宣传品是树立企业形象、扩展市场和提升竞争力的有效工具，它以宣传商品、促进交易为目的。日常生活中常见的企业宣传品多种多样，主要包括产品样本、宣传册、台历、挂历和宣传单页等形式。

本项目将为"一鸣儿童摄影工作室"设计宣传品，包括会员卡、台历和宣传单页的设计。设计完成的效果如图4-1所示。

图4-1 设计完成的各种宣传品效果

学习目标

了解企业宣传品的有关内容及设计技巧。

熟悉以中心等比例缩小图形的方法。

掌握【描边】命令的运用。

了解图层的【混合模式】和【不透明度】选项。

掌握定义图案和填充图案的方法。

熟悉【滤镜】/【扭曲】/【水波】命令的运用。

学习图层蒙版的灵活运用。

掌握【定义画笔预设】及运用的方法。

任务一　标志设计

本任务将设计"一鸣儿童摄影工作室"的标志，通过本例的制作，希望读者能熟练掌握选框工具与【描边】命令的灵活运用。

【步骤图解】

标志的设计过程示意图如图 4-2 所示。

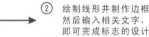

① 灵活运用【椭圆选框】工具及
　【变换】和【描边】命令绘制
　图形，然后分别为其填充颜色

② 绘制线形并制作边框
　然后输入相关文字，
　即可完成标志的设计

图4-2　标志的设计过程示意图

【设计思路】

该标志是一个眼睛造型，寓意相机的镜头，标志卡通味较浓，突出了是儿童摄影；标志采用左边文字，右边标志的组合方式，整体形象简洁、大方。

【步骤解析】

1.　新建一个【宽度】为"18 厘米"，【高度】为"5.5 厘米"，【分辨率】为"150 像素/英寸"，【颜色模式】为"RGB 颜色"，【背景内容】为"白色"的文件。

2.　新建"图层 1"，然后将前景色设置为黑色。

3.　选择 ◯ 工具，按住 Shift 键，在图像窗口的右侧绘制一个圆形选区，然后执行【编辑】/【描边】命令，弹出【描边】对话框，设置各选项及参数如图 4-3 所示。

4.　单击 ▭确定▭ 按钮，描边后的画面效果如图 4-4 所示。

【知识链接】

【描边】命令可以在图形或选区的边缘进行颜色描绘，也可以对输入的文字进行描边，但首先要将文字栅格化。【描边】对话框中各选项的功能分别介绍如下。

- 【宽度】：决定描边的宽度，单位为像素。
- 【颜色】：单击该颜色块，可以设置描边的颜色。
- 【位置】：决定描边的位置是以边缘向内、居中还是向外描绘。
- 【模式】：决定描边的模式。
- 【不透明度】：决定描边的不透明程度。
- 【保留透明区域】：勾选此复选项，将锁定当前层的透明区域，再进行描边时，将只能在不透明区域内进行。当选择背景层时，此项不可用。

5.　将"图层 1"复制生成为"图层 1 副本"，然后按 Ctrl+T 组合键，为复制出的图形添加自由变换框。

6.　按住 Shift+Alt 组合键，将图形以中心等比例缩小，其状态如图 4-5 所示，然后按 Enter 键，确认图形的缩小变换操作。

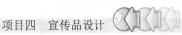

图4-3 【描边】对话框参数设置

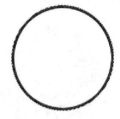

图4-4 描边后的效果

图4-5 缩小图形时的状态

7. 利用 ◯ 工具绘制如图 4-6 所示的椭圆形选区，然后激活属性栏中的 回 按钮，并在原选区的下方绘制选区，制作与原选区交叉的选区，状态如图 4-7 所示，交叉后的选区形态如图 4-8 所示。

图4-6 绘制的椭圆选区

图4-7 交叉选区时的状态

图4-8 交叉后的选区形态

8. 新建 "图层 2"，执行【编辑】/【描边】命令，在选区内部描绘宽度为 "6 px" 的黑色边缘，如图 4-9 所示。然后按 Ctrl+D 组合键去除选区。

9. 继续利用 ◯ 工具，按住 Shift 键绘制如图 4-10 所示的圆形选区。

10. 新建 "图层 3"，执行【编辑】/【描边】命令，在选区内部描绘宽度为 "5 px" 的黑色边缘。然后执行【选择】/【变换选区】命令，为选区添加自由变换框，并按住 Shift+Alt 组合键将选区以中心等比例缩小，状态如图 4-11 所示。

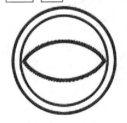

图4-9 描边后的效果

图4-10 绘制的选区

图4-11 变换选区时的形态

11. 按 Enter 键确认选区的变换操作，然后为调整后的选区填充黑色，再按 Ctrl+D 组合键去除选区。

12. 将 "图层 1" 设置为当前层，然后利用 ◯ 工具在图 4-12 所示的白色区域处单击，添加选区。

> 【魔棒】工具 ◯ 主要用于选择大块的单色区域或相近的颜色区域。其使用方法非常简单，只需在要选择的颜色范围内单击，即可将图像中与鼠标光标落点处相同或相近的颜色区域选择。

13. 新建 "图层 4"，将前景色设置为蓝色（B:255），然后按 Alt+Delete 组合键，为选区填充前景色，效果如图 4-13 所示。

14. 用与步骤 12～步骤 13 相同的方法，依次为 "图层 1 副本"、"图层 2" 和 "图层 3" 添加选区，并分别填充黄色（R:255,G:255）、红色（R:255）和绿色（G:255），效果如

图 4-14 所示。

图4-12 鼠标光标放置的位置　　　　图4-13 填充颜色后的效果　　　　图4-14 填充后的效果

15. 新建"图层 8"，然后将前景色设置为黑色。

16. 选择 ＼ 工具，激活属性栏中的 □ 按钮，并将属性栏中 粗细 $\boxed{7\,px}$ 的参数设置为 "7 px"，然后按住 Shift 键绘制如图 4-15 所示的黑色直线。

17. 选择 ▢ 工具，在黑色直线的周围绘制如图 4-16 所示的矩形选区。

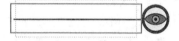

图4-15 绘制的黑色直线　　　　　　　　　　图4-16 绘制的矩形选区

18. 新建"图层 9"，然后执行【编辑】/【描边】命令，在选区的内部描绘宽度为 "7 px" 的深红色（R:185,G:35,B:50）边缘，然后按 Ctrl+D 组合键去除选区。

19. 利用 ▢ 工具再绘制如图 4-17 所示的矩形选区，按 Delete 键将选择的内容删除。

20. 用与步骤 19 相同的方法，绘制选区后删除选择的内容，最终效果如图 4-18 所示。

图4-17 绘制的矩形选区　　　　　　　　　　图4-18 删除后的图形效果

21. 选择 T 工具，依次输入图 4-19 所示的英文字母和其他文字，完成标志设计。

图4-19 设计完成的标志

22. 按 Ctrl+S 组合键，将此文件命名为 "标志.psd" 保存。

任务二　会员卡设计

本任务将设计"一鸣儿童摄影工作室"的会员卡。通过本例的制作，希望读者能熟练掌握定义及填充图案的方法。另外，在设计过程中，读者要注意【滤镜】命令的灵活运用。

【步骤图解】

会员卡的设计过程示意图如图 4-20 所示。

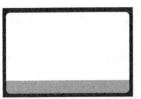

① 利用【圆角矩形】工具和【矩形选框】工具绘制会员卡图形

② 添加宝宝图形，然后定义线形图案，并填充至会员卡画面中

③ 添加标志图形，再依次输入相关文字，即可完成会员卡设计

图4-20 会员卡的设计过程示意图

【设计思路】

该会员卡是儿童摄影机构使用的优惠卡，背景运用了一张降低了透明度的宝宝照片，动作生动可爱、色彩温馨暖人。

【步骤解析】

1. 新建一个【宽度】为"9.5 厘米"、【高度】为"6.5 厘米"、【分辨率】为"300 像素/英寸"、【颜色模式】为"RGB 颜色"、【背景内容】为"黑色"的文件。

2. 新建"图层 1"，然后将前景色设置为白色。

3. 选择 ▢ 工具，并激活属性栏中的 ▢ 按钮，然后将属性栏中 半径: 35 px 的参数设置为"35 px"，在图像窗口中绘制如图 4-21 所示的圆角矩形。

4. 单击【图层】面板上方的 ▨ 按钮，锁定"图层 1"中的透明像素，然后利用 ⬚ 工具绘制如图 4-22 所示的矩形选区。

图4-21 填充颜色后的效果

图4-22 绘制的矩形选区

5. 将前景色设置为深黄色（R:188,G:135,B:50），然后按 Alt+Delete 组合键，为选区填充前景色，并按 Ctrl+D 组合键去除选区。填充颜色后的效果如图 4-23 所示。

6. 按 Ctrl+O 组合键，打开教学辅助资料中"图库\项目四"目录下名为"宝宝 01.jpg"的图像文件，然后利用 ▶⊹ 工具将其移动复制到新建文件中。

7. 按 Ctrl+T 组合键为移动复制入的图片添加自由变换框，然后按 Ctrl+- 组合键缩小图像窗口显示，使自由变换框完全显示在图像窗口中，如图 4-24 所示。

图4-23 填充颜色后的画面效果

图4-24 完全显示后的变形框

8. 按住 Shift+Alt 组合键，将图片以中心等比例缩小，并将缩小后的图片移动到图 4-25 所示的位置。然后按 Enter 键，确认图片的变换操作。

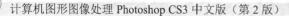
9. 按住 Ctrl 键，单击"图层 1"左侧的图层缩略图，为其添加选区。然后按 Shift+Ctrl+I 组合键，将添加的选区反选。

10. 确认"图层 2"为当前层，按 Delete 键删除选区内的图形，效果如图 4-26 所示，然后按 Ctrl+D 组合键去除选区。

图4-25 图片放置的位置

图4-26 删除选区内图像后的效果

11. 将"图层 2"的【不透明度】参数设置为"60%"，降低不透明度后的画面效果如图 4-27 所示。

12. 新建"图层 3"，然后将前景色设置为白色。

13. 选择 ✎ 工具，并将属性栏中 粗细: 2 px 的参数设置为"2 px"，然后按住 Shift 键绘制如图 4-28 所示的白色直线。

14. 选择 ⬚ 工具，将绘制的直线选中，创建的选区如图 4-29 所示。

    此处选区不能创建的太大，下面要将线形定义为图案。

图4-27 降低不透明度后的画面效果

图4-28 绘制出的直线

图4-29 绘制的选区

15. 依次单击"背景"、"图层 1"和"图层 2"左侧的 👁 图标，将除"图层 3"以外的所有图层隐藏。

16. 执行【编辑】/【定义图案】命令，在弹出的【定义图案】对话框中单击 确定 按钮，将选择的直线定义为图案。

17. 按 Delete 键，将选区内的直线删除，然后按 Ctrl+D 组合键去除选区。

18. 将"背景"、"图层 1"和"图层 2"显示出来，然后按 Shift+F5 组合键，弹出【填充】对话框，在【使用】下拉列表中选择"图案"选项，并在下方的【自定图案】面板中选择刚才定义的图案，如图 4-30 所示。

19. 单击 确定 按钮，填充线形图案后的画面效果如图 4-31 所示。

图4-30 选择的图案

图4-31 填充后的效果

【知识链接】

利用【填充】命令可以对画面或选区填充颜色或图案。【填充】对话框中各选项的功能分别介绍如下。

- 【使用】：在此下拉列表中选择填充的样式，包括颜色、图案或历史记录等。
- 【自定图案】：当在【使用】下拉列表中选择"图案"时，此选项才可用。单击右侧的图案，可在弹出的【图案列表】中选择需要的图案。

20. 执行【滤镜】/【扭曲】/【水波】命令，弹出【水波】对话框，设置各选项及参数如图 4-32 所示。

21. 单击 确定 按钮，执行【水波】命令后的线形效果如图 4-33 所示。

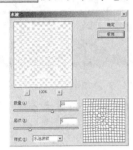

图4-32 【水波】对话框参数设置　　　　　图4-33 执行【水波】命令后的线形效果

22. 将"图层 1"设置为当前层，然后利用 工具在"图层 1"上方的白色区域处单击，添加如图 4-34 所示的选区。

23. 按 Shift + Ctrl + I 组合键，将添加的选区反选，再将"图层 3"设置为当前层，然后按 Delete 键，删除选择的图形。

24. 按 Ctrl + D 组合键去除选区，然后将"图层 3"的图层混合模式设置为"叠加"，【不透明度】的参数设置为"35%"，效果如图 4-35 所示。

图4-34 添加的选区　　　　　　　　　图4-35 制作出的线形效果

25. 将任务一中设计的"标志.psd"图像文件打开，在【图层】面板中将"背景层"隐藏，然后按 Ctrl + Shift + E 组合键合并所有可见图层。

26. 利用 工具将合并后的标志图形移动复制到"未标题-1"文件中，然后将其调整至合适的大小后放置到图 4-36 所示的位置。

27. 选择 T 工具，在画面中依次输入图 4-47 所示的文字。

图4-36 标志图形放置的位置　　　　　　图4-37 输入的文字

28. 将"会员卡"文字层设置为当前层，然后执行【图层】/【图层样式】/【外发光】命令，弹出【图层样式】对话框，设置各选项及参数如图4-38所示。

29. 单击 确定 按钮，添加图层样式后的文字效果如图4-39所示。

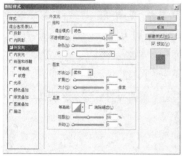

图4-38 【图层样式】对话框参数设置　　　　　　图4-39 添加样式后的文字效果

30. 至此，会员卡设计完成，按 Ctrl+S 组合键，将此文件命名为"会员卡.psd"保存。

任务三 台历设计

本任务将设计台历，首先设计日历页和记事页，然后将制作出立体的台历效果。

（一） 设计日历页

下面主要利用【移动】工具、【椭圆选框】工具、【文本】工具，并结合图层蒙版、【编辑】/【贴入】命令、【图层样式】命令及图层的【混合模式】选项来设计台历的日历页。

【步骤图解】

台历中日历页的绘制过程示意图如图4-40所示。

① 打开"底版"和"宝宝"素材
图片后利用图层蒙版进行合成

② 利用【椭圆选框】和【描边】命令
绘制图形，然后将宝宝图片贴入

③ 输入月份和年份文字，然后
将日期素材移动复制到画面中

④ 添加泡泡和艺术字，分别调
整后，即可完成日历页制作

图4-40 台历中日历页的绘制过程示意图

【设计思路】

该台历是使用儿童照片作为素材设计的儿童台历，背景采用了蓝色以及卡通玩具，突出了儿童天真快乐的童年。日历放置在了心形图形上面，突出了爸爸妈妈对孩子的一片爱心。

【步骤解析】

1. 按 Ctrl+O 组合键，打开教学辅助资料中"图库\项目四"目录下名为"宝宝01.jpg"和

"台历底版 01.jpg"的文件，如图 4-41 所示。

图4-41 打开的图片

2. 利用 ⊕ 工具，将"宝宝 01.jpg"中的图像移动复制到"台历底版 01.jpg"文件中，调整合适的大小后放置到图 4-42 所示的位置。

3. 单击【图层】面板底部的 ⊡ 按钮，为"图层 1"添加图层蒙版，然后选择 ✎ 工具，按住 Shift 键在"宝宝"图像的黄颜色区域中依次单击，创建如图 4-43 所示的选区。

图4-42 图片放置的位置

图4-43 创建的选区

4. 将前景色设置为黑色，然后为选区填充黑色，生成的画面效果及【图层】面板形态如图 4-44 所示。

> 在为"图层 1"添加图层蒙版之前，先利用 ✎ 工具创建选区，再执行【图层】/【图层蒙版】/【隐藏选区】命令，也可得到步骤 4 的效果。

5. 按 Ctrl+D 组合键去除选区，然后选择 ✎ 工具，在"宝宝"图像的左侧和上边缘绘制黑色来编辑图层蒙版，产生的效果及【图层】面板如图 4-45 所示。

图4-44 图片放置的位置

图4-45 编辑蒙版后的画面效果及【图层】面板

【知识链接】

在【图层】面板中单击蒙版缩略图，使之成为当前状态。然后在工具箱中选择任意一个绘图工具在图像上绘制，可以编辑图层蒙版。

- 在蒙版图像中绘制黑色，可增加蒙版被屏蔽的区域，并显示更多的图像。
- 在蒙版图像中绘制白色，可减少蒙版被屏蔽的区域，并显示更少的图像。
- 在蒙版图像中绘制灰色，可创建半透明效果的屏蔽区域。

6. 选择 ◯ 工具，按住 Shift 键，在画面的左侧绘制如图 4-46 所示的圆形选区。

7. 激活属性栏中的 ◱ 按钮，然后在画面中绘制选区，将其与原选区相加，其状态如图 4-47 所示。

图4-46　绘制的圆形选区

图4-47　绘制选区时的状态

8. 新建"图层 2"，为选区填充白色，然后按 Ctrl+D 组合键去除选区。

9. 执行【图层】/【图层样式】/【描边】命令，弹出【图层样式】对话框，设置各选项及参数如图 4-48 所示。

10. 单击 确定 按钮，添加图层样式后的图形效果如图 4-49 所示。

图4-48　【图层样式】对话框参数设置

图4-49　添加图层样式后的效果

11. 用与上面相同的绘制选区再添加【描边】图层样式的方法，依次绘制如图 4-50 所示的圆形，其描边的颜色分别为蓝色（R:99,G:147,B:213）和浅蓝色（R:190,G:215,B:237）。

12. 按住 Ctrl 键，单击"图层 4"（即小圆形所在的图层）左侧的图层缩略图，为其添加选区。

13. 按 Ctrl+O 组合键，打开教学辅助资料中"图库\项目四"目录下名为"宝宝 02.jpg"的图片，然后按 Ctrl+A 组合键，将其全部选择。

14. 按 Ctrl+C 组合键，将选择的图片复制到剪贴板中，然后将"台历底版 01.jpg"文件设置为工作状态，按 Shift+Ctrl+V 组合键，将剪贴板中的内容粘贴到"图层 4"的选区中。

15. 按 Ctrl+T 组合键为"宝宝 02"图形添加自由变换框，然后按住 Shift+Alt 组合键将其以中心等比例缩小，状态如图 4-51 所示。

图4-50　绘制的圆形

图4-51　缩小图片时的状态

16. 按 Enter 键，确认图片的缩小变换操作。

17. 选择 T 工具，单击属性栏中的 按钮，弹出【字符】面板，设置各选项及参数如图 4-52 所示，然后在图像窗口中依次输入如图 4-53 所示的数字。

图4-52　【字符】面板参数设置

图4-53　输入的数字

18. 按 Ctrl+O 组合键，打开教学辅助资料中"图库\项目四"目录下名为"日历.psd"的图片，然后利用 ▯ 工具将左侧的日期文字选择。

19. 利用 ▸⊹ 工具，将选择的日期文字移动复制到"台历底版 01.jpg"文件中，然后将其调整合适的大小后放置到图 4-54 所示的位置。

20. 用与步骤 18～步骤 19 相同的方法，将"日历.psd"文件中右侧的日期文字移动复制到"台历底版 01.jpg"文件中，如图 4-55 所示。

图4-54 复制的日期文字

图4-55 日期文字放置的位置

21. 选择 T 工具，单击属性栏中的 ▤ 按钮，弹出【字符】面板，设置各选项及参数如图 4-56 所示，然后在图像窗口中输入图 4-57 所示的数字"2009"。

图4-56 【字符】面板参数设置

图4-57 输入的数字

22. 按 Ctrl+O 组合键，打开教学辅助资料中"图库\项目四"目录下名为"泡泡.psd"的图片。

23. 利用 ▸⊹ 工具，将泡泡移动复制到"台历底版 01.jpg"文件中，然后将其调整合适的大小后放置到图 4-58 所示的位置。

24. 将"图层 8"的图层混合模式设置为"滤色"，更改混合模式后的画面效果如图 4-59 所示。

图4-58 泡泡图片放置的位置

图4-59 更改混合模式后的效果

25. 按 Ctrl+O 组合键，打开教学辅助资料中"图库\项目四"目录下名为"艺术字.psd"的图片。

26. 利用 ▸⊹ 工具，将艺术字移动复制到"台历底版 01.jpg"文件中，然后将其调整合适的大小后放置到画面的右下角位置。

27. 执行【图层】/【图层样式】/【投影】命令，在弹出的【图层样式】对话框中单击 确定 按钮，为文字添加默认的投影样式，效果如图 4-60 所示。

图4-60 添加图层样式后的文字效果

28. 至此，台历中日历页效果制作完成，按 Shift+Ctrl+S 组合键，将此文件另命名为"台历 01.psd"保存。

（二） 设计记事页

下面主要利用【文本】工具、【直线】工具和【移动】工具，并结合图层蒙版命令来设计台历的记事页。

【步骤图解】

台历中记事页的绘制过程示意图如图 4-61 所示。

① 输入文字后绘制直线 　　② 依次复制直线并均匀分布 　　③ 添加素材图片，然后利用图层蒙版合成，即可完成记事页的制作

图4-61 台历中记事页的绘制过程示意图

【设计思路】

该记事页是台历的内页，树上快乐的小熊图案元素增加了儿童活泼可爱的童趣感，色彩采用浅绿色和浅蓝色，恬静、雅致。

【步骤解析】

1. 按 Ctrl+O 组合键，打开教学辅助资料中"图库\项目四"目录下名为"台历底版 02.jpg"的文件。

2. 将前景色设置为绿色（G:166,B:80），然后利用 T 工具输入图 4-62 所示的文字。

3. 选择 \ 工具，激活属性栏中的 □ 按钮，并将属性栏中 粗细 3px 的参数设置为"3 px"。

4. 新建"图层 1"，然后按住 Shift 键绘制如图 4-63 所示的直线。

图4-62 输入的文字 　　　　　　　　　　图4-63 绘制出的直线

5. 按住 Ctrl 键，连续 7 次按 J 键，在原位置重复复制直线，然后将"图层 1 副本 7"中

的直线向下移动到底版文件的底部位置，如图 4-64 所示。

6. 将"图层 1"至"图层 1 副本 7"层同时选择，然后选择 ↔ 工具，并单击属性栏中的 ᚷ 按钮，将选择的直线平均分布，如图 4-65 所示。

图4-64 直线放置的位置

图4-65 按顶平均分布后的效果

7. 执行【图层】/【合并图层】命令，将"图层 1"至"图层 1 副本 7"层合并。

8. 按 Ctrl+O 组合键，打开教学辅助资料中"图库\项目四"目录下名为"宝宝 03.jpg"的图像文件。

9. 利用 ↔ 工具，将"宝宝 03.jpg"中的图像移动复制到"台历底版 02.jpg"文件中，调整合适的大小后放置到图 4-66 所示的位置。

10. 单击【图层】面板底部的 ◉ 按钮，为"图层 2"添加图层蒙版，然后利用 ✎ 工具在画面中涂抹黑色来编辑蒙版，编辑蒙版后的画面效果如图 4-67 所示。

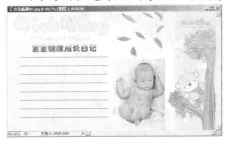
图4-66 图片放置的位置

图4-67 编辑蒙版后的画面效果

11. 按 Shift+Ctrl+S 组合键，将此文件另命名为"台历 02.psd"保存。

（三） 制作立体台历效果

下面主要利用【移动】工具并结合【编辑】/【自由变换】命令，设计立体台历效果。

【步骤图解】

立体台历的绘制过程示意图如图 4-68 所示。

① 将设计的台历封面移动复制到打开的素材文件中，为其添加自由变形框，然后按住 Ctrl 键对其进行透视调整

② 利用【魔棒】工具为"背景层"上方的白色区域添加选区，然后将选区反选后删除"图层 1"中的内容

③ 用相同的方法，将台历封底和标志图形移动复制到打开的素材文件中，再分别对其进行透视调整，完成立体台历的设计

图4-68 台历封底的绘制过程示意图

【设计思路】

这是把设计的台历进行装订后的立体效果，封面采用了黄色并放置了摄影机构的标志，可起到实用和宣传的作用。

【步骤解析】

1.　按 Ctrl+O 组合键，依次打开教学辅助资料中"图库\项目四"目录下名为"台历.jpg"文件，并打开前面绘制的"台历 01.psd"的图像文件。

2.　将"台历 01.psd"文件设置为工作状态，然后执行【图层】/【合并可见图层】命令，将该文件的所有图层合并为"背景层"。

3.　利用 ➤➕ 工具，将"台历 01"图片移动复制到"台历.jpg"图像文件中，然后按 Ctrl+T 组合键为移动复制入的台历图片添加自由变换框。注意按 Ctrl+- 组合键缩小图像窗口显示，使自由变换框完全显示在图像窗口中。

4.　按住 Ctrl 键，在变换框左上角的控制点上拖曳鼠标光标，将控制点调整至图 4-69 所示的位置。

5.　继续按住 Ctrl 键，将左下角的控制点调整至图 4-70 所示的位置。

图4-69　调整后的控制点位置　　　　　　　　　　图4-70　调整后的控制点位置

6.　用相同的方法调整变换框的其他控制点，将台历图片调整至图 4-71 所示的透视形态，然后按 Enter 键，确认图片的透视变换操作。

7.　将"背景层"设置为当前层，然后利用 ✎ 工具在上方的白色区域处单击，添加如图 4-72 所示的选区。

图4-71　调整后的图片形态　　　　　　　　　　图4-72　添加的选区

8.　执行【选择】/【反向】命令，将添加的选区反选。

9.　将"图层 1"设置为当前层，按 Delete 键删除选择的内容，效果如图 4-73 所示，然后按 Ctrl+D 组合键去除选区。

10.　按 Ctrl+O 组合键，打开教学辅助资料中"作品\项目四"目录下名为"台历 02.psd"和

"标志.psd"的图像文件，然后用与步骤 2~步骤 9 相同的方法，分别将其移动到"台历.jpg"文件中，并对其进行透视调整，最终效果如图 4-74 所示。

图4-73 删除内容后的效果

图4-74 制作完成的台历立体效果

11. 至此，台历效果制作完成，按 Shift+Ctrl+S 组合键，将此文件另命名为"台历.psd"保存。

任务四 宣传单设计

本任务将设计"一鸣儿童摄影工作室"的宣传单。通过本例的制作，希望读者能熟练掌握定义画笔及运用画笔的方法，掌握文字的变形功能，并在实际工作中灵活运用。

【步骤图解】

宣传单的设计过程示意图如图 4-75 所示。

① 灵活运用各种选框工具、【路径】工具及【自由变换】命令和图层的【混合模式】选项制作宣传单的背景图像和基本图形

② 利用【文字】工具结合【图层样式】命令及文字的变形功能制作宣传单中的文字，然后添加标志图像，即可完成标志的设计

图4-75 宣传单的设计过程示意图

【设计思路】

这是摄影机构为六一儿童节所设计的活动宣传单页。主画面选取了一张生动、活泼可爱的宝宝照片，浅蓝色的衣服和毛茸茸的毯子，给宝宝温馨舒爽的感觉。背景颜色采用了紫红色和黄色对比色，比对但不跳跃；文字宣传内容字体形状、大小，以及排列组合合理且生

动，能给人留下深刻的视觉感受。

【步骤解析】

1. 新建一个【宽度】为"18 厘米"、【高度】为"26 厘米"、【分辨率】为"150 像素/英寸"、【颜色模式】为"RGB 颜色"、【背景内容】为"白色"的文件。

2. 按 Ctrl+O 组合键，打开教学辅助资料中"图库\项目四"目录下名为"宝宝 04.jpg"的图像文件，然后利用 工具将其移动复制到新建文件中，放置到图 4-76 所示的位置。

3. 将"图层 1"复制生成为"图层 1 副本"，然后将"图层 1 副本"的图层混合模式设置为"滤色"。

4. 利用 工具和 工具，绘制并调整出如图 4-77 所示的钢笔路径。

5. 按 Ctrl+Enter 组合键，将路径转换为选区，然后新建"图层 2"，并为选区填充黄色（R:251G:241,B:81），效果如图 4-78 所示。按 Ctrl+D 组合键去除选区。

图4-76 图片放置的位置

图4-77 绘制并调整出的路径

图4-78 填充颜色后的效果

6. 用与步骤 4~步骤 5 相同的方法，在新建的"图层 3"中绘制如图 4-79 所示的白色图形，然后在【图层】面板中将其【不透明度】的参数设置为"70%"。

7. 新建"图层 4"，利用 工具在画面的下方绘制一个矩形，然后为其填充绿色（R:105,G:187,B:40），如图 4-80 所示。

8. 选择 工具，在绿色图形的左上方绘制如图 4-81 所示的椭圆形选区，然后新建"图层 5"，并将前景色设置为酒绿色（R:148,G:199,B:80）。

图4-79 绘制出的白色图形

图4-80 绘制出的矩形

图4-81 绘制的椭圆形选区

9. 执行【编辑】/【描边】命令，在选区内部描绘宽度为"5 px"的酒绿色（R:148,G:199,B:80）边缘，效果如图 4-82 所示。

10. 执行【选择】/【变换选区】命令，为椭圆形选区添加自由变换框，然后将属性栏中 W:85% H:90% 的参数分别设置为"85%"和"90%"。

11. 按 Enter 键，确认选区的变换操作，然后按 Alt + Delete 组合键，为选区填充前景色，如图 4-83 所示。

12. 按 Ctrl + O 组合键，打开教学辅助资料中"图库\项目四"目录下名为"宝宝 03.jpg"的图片，然后按 Ctrl + A 组合键将其选中。

13. 按 Ctrl + C 组合键，将选择的图片复制到剪贴板中，然后将"未标题-1"文件设置为工作状态。

14. 执行【编辑】/【贴入】命令，将剪贴板中的内容粘贴到"图层 5"的选区中，然后利用【自由变换】命令将其调整至合适的大小，放置到图 4-84 所示的位置。

图4-82　描边后的效果

图4-83　填充颜色后的效果

图4-84　图片调整后的大小及位置

15. 按 Enter 键，确认图片的变换操作，然后在【图层】面板中将其【不透明度】的参数设置为"50%"。

16. 选择 工具，在画面中绘制如图 4-85 所示的星形选区。然后新建"图层 7"，为星形选区填充酒绿色（R:148,G:199,B:80），再按 Ctrl + D 组合键去除选区。

17. 将任务一中设计的"标志.psd"图像文件打开，在【图层】面板中将"背景层"隐藏，然后按 Ctrl + Shift + E 组合键合并所有可见图层。

18. 利用 工具将合并后的标志图形移动复制到"未标题-1"图像文件中，然后将其调整至合适的大小，移动到画面的右上角位置，再利用 T 工具输入图 4-86 所示的文字。

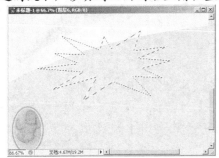

图4-85　绘制出的选区

图4-86　输入的文字

19. 执行【图层】/【图层样式】/【混合选项】命令，弹出【图层样式】对话框，设置各选项及参数如图 4-87 所示。

20. 单击 确定 按钮，添加图层样式后的文字效果如图 4-88 所示。

21. 继续利用 T 工具输入文字，并为其复制"一鸣天使"文字的图层样式，效果如图 4-89 所示。

22. 将前景色设置为深红色（R:227,G:7,B:77），利用 T 工具输入如图 4-90 所示的文字。

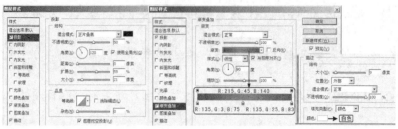

图4-87 【图层样式】对话框参数设置

图4-88 添加图层样式后的文字　　　图4-89 输入的文字　　　图4-90 输入的文字

23. 执行【图层】/【图层样式】/【混合选项】命令，弹出【图层样式】对话框，设置各选项及参数如图 4-91 所示。

图4-91 【图层样式】对话框参数设置

24. 单击 _____ 确定 _____ 按钮，添加图层样式后的文字效果如图 4-92 所示。

25. 单击属性栏中的 按钮，弹出【变形文字】对话框，设置各选项及参数如图 4-93 所示，然后单击 _____ 确定 _____ 按钮，变形后的文字形态如图 4-94 所示。

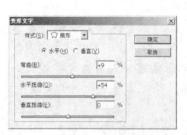

图4-92 添加图层样式后的文字效果　　　图4-93 【变形文字】对话框参数设置　　　图4-94 变形后的文字形态

【知识链接】

利用【变形文字】对话框可以设置输入文字的变形效果。此对话框中的选项默认状态下都显示为灰色，只有在【样式】下拉列表中选择除【无】以外的其他选项后才可用。

- 【样式】：用于设置文字的变形样式。此下拉列表中包含 15 种变形样式，选取不同的样式，产生的文字变形效果也各不相同。
- 【水平】和【垂直】：用于设置文本的变形是在水平方向上，还是在垂直方向上进行。
- 【弯曲】：用于设置文本扭曲的程度。
- 【水平扭曲】和【垂直扭曲】：用于设置文本在水平或垂直方向上的扭曲程度。

26. 按 $\boxed{\text{Ctrl}}+\boxed{\text{T}}$ 组合键，为变形后的文字添加自由变换框，并将其调整至图 4-95 所示的形态及位置，然后按 $\boxed{\text{Enter}}$ 键，确认文字的变换操作。

27. 继续利用 $\boxed{\text{T}}$ 工具，在画面中依次输入图 4-96 所示的文字。

28. 新建一个【宽度】为"4 像素"、【高度】为"12 像素"、【分辨率】为"150 像素/英寸"、【颜色模式】为"RGB 颜色"、【背景内容】为"黑色"的文件，如图 4-97 所示。

图4-95 调整后的文字形态及位置

图4-96 输入的文字

图4-97 创建的图像文件

29. 执行【编辑】/【定义画笔预设】命令，弹出如图 4-98 所示的【画笔名称】对话框，将新建文件定义为画笔笔头，然后单击 确定 按钮。

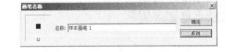

图4-98 【画笔名称】对话框

30. 新建"图层 9"，然后将前景色设置为酒绿色（R:148,G:199,B:80）。

31. 选择 工具，单击属性栏中的 按钮，在弹出的【画笔】面板中选择定义的画笔笔头，然后设置其他选项及参数如图 4-99 所示。

32. 将鼠标光标移动到画面中单击，绘制如图 4-100 所示的绿色色块，然后按住 $\boxed{\text{Shift}}$ 键，将鼠标光标移动到图 4-101 所示的位置单击，绘制如图 4-102 所示的虚线。

33. 选择 工具，激活属性栏中的 按钮，再单击属性栏中的 形状 → 按钮，然后在弹出的【形状】选项面板中选择如图 4-103 所示的"左脚"形状。

34. 将前景色设置为红色（R:226,G:6,B:78），然后按住 $\boxed{\text{Shift}}$ 键，在画面中依次绘制如图 4-104 所示的脚印图形。

35. 至此，宣传单已设计完成，按 $\boxed{\text{Ctrl}}+\boxed{\text{S}}$ 组合键，将此文件命名为"宣传单.psd"保存。

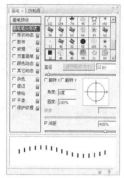

图4-99　【画笔】面板参数设置

图4-100　绘制出的色块

图4-101　鼠标光标放置的位置

图4-102　绘制出的虚线

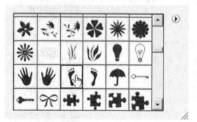

图4-103　【形状】选项面板

图4-104　绘制出的脚印图形

项目实训

参考本项目范例的操作过程，请读者设计出以下的 VIP 卡和优惠券。

实训一　VIP 卡设计

要求：灵活运用【圆角矩形】工具、【渐变叠加】样式、路径工具、【文字】工具以及【选择】/【变换选区】命令，设计如图 4-105 所示的 VIP 卡。

图4-105　设计完成的 VIP 卡

【设计思路】

该贵宾卡采用了金色，突出了公司对客户所给予的贵宾待遇。卡片正面放置了一颗黄色钻石，突出了该卡片的含金量，卡片上面的波浪线，突出了女性所特有的曲线美。

【步骤解析】

1. 新建图像文件后，利用 ▭ 工具绘制圆角矩形，然后利用【图层】/【图层样式】/【渐变叠加】命令，为其叠加渐变色，渐变颜色设置及效果如图 4-106 所示。

2. 打开教学辅助资料中 "图库\项目四" 目录下名为 "钻石.psd" 的图片文件，将其移动复制到新建文件中，调整大小后放置到画面的左上角位置，然后为其添加外发光效果，参数设置及设置后的图片效果如图 4-107 所示。

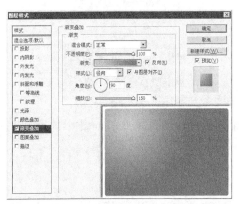
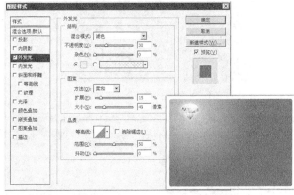

图4-106 叠加的渐变色及效果　　　　　　图4-107 设置的外发光参数及效果

3. 新建图层，在圆角矩形上自左向右绘制两条黄色的线形，然后将其调整至图片的下方，如图 4-108 所示。

图4-108 绘制的线形

4. 灵活运用路径工具绘制图形，并为其填充渐变颜色，效果如图 4-109 所示。

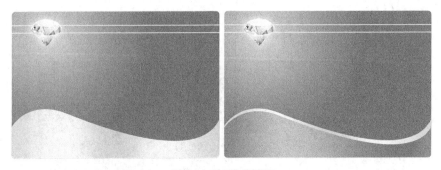

图4-109 绘制出的图形

5. 打开教学辅助资料中 "图库\项目四" 目录下名为 "花.psd" 的图片文件，将其移动复制到新建文件中，调整大小及角度后放置到画面的右下角位置，然后将其图层混合模式设置为 "颜色减淡"，【不透明度】参数设置为 "50%"，效果如图 4-110 所示。

6. 添加相关文字，并利用 [▦] 工具，将右上角文字下方的线形选择并删除，即可完成 VIP 卡的正面。

7. 利用 [▢] 工具绘制 VIP 卡的背面图形，然后利用 [▦] 工具绘制白色的矩形，再绘制出如图 4-111 所示的矩形选区。

8. 执行【选择】/【变换选区】命令，将选区调整至如图 4-112 所示的形态。

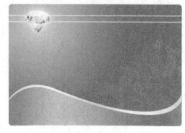

图4-110 添加的花图片效果

图4-111 绘制的图形及选区

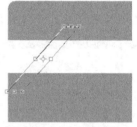

图4-112 选区调整后的形态

9. 按 [Enter] 键确认选区的调整，再按 [Delete] 键删除选区内的图像，效果如图 4-113 所示。

10. 利用 [▦] 工具依次向右移动选区并删除，制作出如图 4-114 所示的效果。

图4-113 删除图像后的效果

图4-114 删除图像后的效果

11. 利用 [T] 工具输入相关文字，即可完成 VIP 卡的设计。

实训二 优惠券设计

要求：利用【渐变】工具、【文字】工具、路径工具以及【自由变换】命令和【图层样式】命令，设计如图 4-115 所示的优惠券。

图4-115 设计完成的优惠券

【设计思路】

该优惠券是公司在成立 20 周年纪念日所推出的现金抵用券。颜色采用了黄色和红色暖，突出了公司送给客户的优惠，让人感到非常的温暖，右侧背景放置了两个牡丹花，给人高贵典雅的视觉感受。

【步骤解析】

1. 新建文件，为背景层填充由黄色到红色的径向渐变色，然后在画面四周添加辅助线。

2. 打开教学辅助资料中"图库\项目四"目录下名为"花.psd"的图片文件，将其移动复制到新建文件中，调整大小及角度后放置到如图 4-116 所示的位置。

3. 灵活运用 T 工具、 ♦ 工具、 ⌐ 工具和 ◯ 工具，以及【图层样式】命令制作出如图 4-117 所示的标题文字。

图4-116 花图片调整后的形态及位置

图4-117 制作的标题文字

4. 打开教学辅助资料中"图库\项目四"目录下名为"化妆品.psd"的图片文件，将其移动复制到新建文件中，调整大小后放置到如图 4-118 所示的位置。

5. 将化妆品图层复制，并将复制出的图层调整至原图层的下方，再执行【编辑】/【变换】/【垂直翻转】命令，将复制出的化妆品在垂直方向上翻转，然后调整至如图 4-119 所示的位置。

图4-118 化妆品调整后的大小及位置

图4-119 复制图形调整后的位置

> 说明　此处为让读者看出复制化妆品的位置，特意添加了自由变换框，读者在操作时，直接调整好图形的位置即可。

6. 在【图层】面板中将复制图层的【不透明度】参数设置为"30%"，效果如图 4-120 所示。

7. 将化妆品图层再次复制，并将复制出的图层调整至原图层的下方，然后单击【图层】面板左上方的 ⊠ 按钮，锁定图像像素，再为画面填充黑色。

8. 按 Ctrl+T 键，为黑色图像添加自由变换框，然后将其调整至如图 4-121 所示的形态。

图4-120 制作的倒影效果

图4-121 调整的图形形态

9. 按 Enter 键，确认图形的变换调整，然后单击【图层】面板左上方的 按钮，取消锁定图像像素。

10. 执行【滤镜】/【模糊】/【高斯模糊】命令，在弹出的【高斯模糊】对话框中设置参数如图 4-122 所示。

11. 单击 确定 按钮，然后在【图层】面板中将图层的【不透明度】参数置为 "50%"，制作出化妆品的阴影效果，如图 4-123 所示。

图4-122 设置的模糊参数

图4-123 制作的阴影效果

12. 灵活运用 T 工具和【图层样式】命令，制作出优惠券中的其他文字效果，即可完成优惠券的设计。

项目小结

本项目主要学习了宣传品的设计，包括会员卡、台历和宣传单的设计。通过本项目的学习，希望读者能熟练掌握定义图案和定义画笔预设的方法以及利用图层蒙版合成图像的方法。另外，灵活运用图层以及图层的【混合模式】选项和【图层样式】命令，可以制作出许多特殊的效果，希望读者认真学习本章的内容。

思考与练习

1. 利用【矩形选框】工具、【渐变】工具、【文字】工具并结合路径工具、【编辑】/【描边】命令和【图层样式】命令，设计如图 4-124 所示的促销卡。

2. 综合运用各种工具、图层、【图层样式】命令、图层蒙版以及图层堆叠顺序的调整操作，设计如图 4-125 所示的活动海报。

图4-124 设计完成的促销卡

图4-125 设计完成的海报

项目五

服装设计

服装设计属于工艺美术范畴，是实用性和艺术性相结合的一种艺术形式，也是解决人们穿着生活体系中富有创造性的创作行为。服装所具有的实用功能与审美功能，要求设计者首先要明确设计的目的。在设计时，应根据穿着的对象、环境、场合、时间等基本条件去进行创造性的设想，寻求人、环境和服装的高度和谐，这也是服装设计必须考虑的前提条件。

本项目将设计服装效果图，包括男式休闲装和女式连衣裙的设计以及为服装设计吊牌。设计完成后的效果如图5-1所示。

图5-1 设计完成后的服装效果图及吊牌

学习目标

了解服装效果图的设计方法。

学习【滤镜】命令的综合运用。

掌握利用路径的描绘功能制作缝线效果的方法。

掌握图层【混合模式】选项的运用。

了解花布图案的制作方法。

掌握连续移动复制图形的方法。

熟悉【贴入】命令的运用。

了解吊牌的制作方法。

学习沿路径输入文字的方法。

任务一 男式休闲装设计

本任务将设计男式休闲装。首先来制作牛仔布效果，然后再绘制上衣图形，并将制作的牛仔布应用于服装效果图中。

（一） 牛仔布效果制作

下面主要利用【滤镜】命令来制作牛仔布效果。通过本例的制作，希望读者能进一步掌握【滤镜】命令的综合运用。

【步骤图解】

牛仔布效果的制作过程示意图如图 5-2 所示。

① 新建文件后，依次执行【滤镜】和【旋转画布】命令。然后再次新建文件，绘制线形，并将其定义为图案。

② 在新图层上填充定义的图案，然后依次执行【滤镜】菜单下的命令，并设置图层混合模式

③ 合并图层后依次执行【云彩】和【分层云彩】命令，设置混合模式后，即可完成牛仔布的制作

图5-2 牛仔布效果的制作过程示意图

【设计思路】

本例是利用 Photoshop CS3 软件功能来制作牛仔布材质，在制作时材质的纹理质感和牛仔布的颜色是需要掌握的重点。

【步骤解析】

1. 新建一个【宽度】为"15 厘米"、【高度】为"15 厘米"、【分辨率】为"150 像素/英寸"、【颜色模式】为"RGB 颜色"、【背景内容】为"白色"的文件。

2. 将前景色设置为蓝灰色（R:82,G:132, B:163），然后按 Alt+Delete 组合键，为新建文件的背景层填充设置的前景色。

3. 执行【滤镜】/【纹理】/【纹理化】命令，弹出【纹理化】对话框，设置各选项及参数如图 5-3 所示，然后单击 确定 按钮。

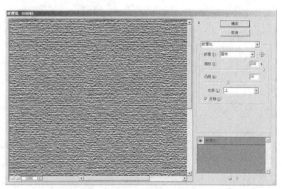

4. 执行【图像】/【旋转画布】/【90 度（顺时针）命令】，将图像窗口顺时针旋转 90°。

图5-3 【纹理化】对话框参数设置

5. 执行【滤镜】/【锐化】/【USM 锐化】命令，弹出【USM 锐化】对话框，设置各选项

及参数如图5-4所示。

6. 单击 ⬚确定⬚ 按钮，执行【USM 锐化】命令后的图像效果如图 5-5 所示。

图5-4 【USM 锐化】对话框参数设置

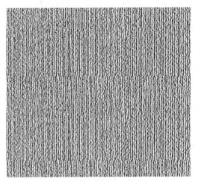

图5-5 执行【USM 锐化】命令后的图像效果

7. 创建一个【宽度】为 "18 像素"、【高度】为 "18 像素"、【分辨率】为 "150 像素/厘米"、【颜色模式】为 "RGB 颜色"、【背景内容】为 "白色" 的文件。

8. 选择 ⬚ 工具，激活属性栏中的 ⬚ 按钮，将属性栏中 粗细 3 px 的参数设置为 "3px"。然后按住 Shift 键，在图像窗口中绘制如图 5-6 所示的黑色斜线。

9. 执行【编辑】/【定义图案】命令，弹出如图 5-7 所示的【图案名称】对话框，单击 ⬚确定⬚ 按钮，将斜线定义为图案，然后将此文件关闭。

图5-6 绘制出的斜线

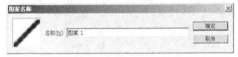

图5-7 【图案名称】对话框

10. 在【图层】面板中新建 "图层 1"，执行【编辑】/【填充】命令，弹出【填充】对话框，设置各选项及参数如图 5-8 所示，然后单击 ⬚确定⬚ 按钮。

11. 将 "图层 1" 的图层混合模式选项设置为 "线性加深"，更改图层混合模式后的图像效果如图 5-9 所示。

图5-8 【填充】对话框

图5-9 更改图层混合模式后的效果

12. 执行【滤镜】/【扭曲】/【玻璃】命令，弹出【玻璃】对话框，设置各选项及参数如图 5-10 所示，然后单击 ⬚确定⬚ 按钮。

13. 执行【滤镜】/【艺术效果】/【涂抹棒】命令，弹出【涂抹棒】对话框，设置各选项及参数如图 5-11 所示。

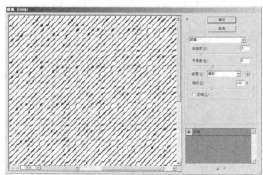
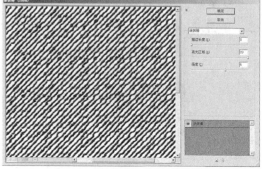

图5-10　【玻璃】对话框参数设置　　　　　　　图5-11　【涂抹棒】对话框参数设置

14. 单击 ▭ 确定 ▭ 按钮，执行滤镜命令后的图像效果如图 5-12 所示。

15. 按 ［Ctrl］+［E］组合键，将"图层 1"合并到"背景"层中，然后再新建"图层 1"。

16. 将前景色设置为蓝灰色（R:82,G:132,B:163），背景色设置为白色，然后执行【滤镜】/
　　【渲染】/【云彩】命令，为"图层 1"添加前景色与背景色混合而成的云彩效果。

> 执行【云彩】命令，可以使用介于前景色与背景色之间的随机颜色生成柔和的云彩效果。
> 设置不同的前景色和背景色，再执行【云彩】命令，所产生的画面效果也各不相同。

17. 将"图层 1"的图层混合模式设置为"正片叠底"，更改图层混合模式后的图像效果如
　　图 5-13 所示。

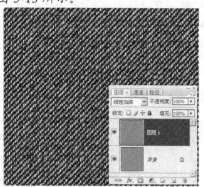

图5-12　执行滤镜命令后的图像效果　　　　　　　图5-13　添加的云彩效果

18. 执行【滤镜】/【渲染】/【分层云彩】命令，使云彩发生变化，效果如图 5-14 所示。

19. 按 ［Ctrl］+［F］组合键，重复执行【分层云彩】命令，效果如图 5-15 所示。

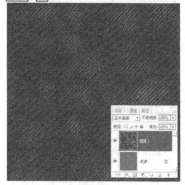

图5-14　执行【分层云彩】命令后的图像效果　　　图5-15　重复执行【分层云彩】命令后的图像效果

20. 再次按 Ctrl+E 组合键，将"图层 1"向下合并为"背景层"，然后按 Ctrl+S 组合键，将此文件命名为"牛仔布.jpg"保存。

（二） 绘制男式休闲装

下面主要利用【路径】工具及路径的填充和描边功能来设计男式休闲装。通过本例的制作，希望读者能熟悉设计服装效果图的方法及技巧。

【步骤图解】

男式休闲装的绘制过程示意图如图 5-16 所示。

① 利用【路径】工具及路径的填充和描绘功能绘制出上衣的轮廓图形及衣服中的结构线形

② 添加标志图形并利用【矩形选框】和【椭圆选框】工具及【图层样式】命令制作拉链效果

③ 将"牛仔布"定义为图案，然后填充至衣服效果图中，即可完成男式休闲装的制作

图5-16 男式休闲装的绘制过程示意图

【设计思路】

本例是利用制作的牛仔布纹理绘制男士春秋穿的休闲服装。在设计时要注意款式时尚、结构合理、比例正确。

【步骤解析】

1. 新建一个【宽度】为"20 厘米"、【高度】为"15 厘米"、【分辨率】为"200 像素/英寸"、【颜色模式】为"RGB 颜色"、【背景内容】为"白色"的文件。

2. 利用 🖊 工具和 ⬉ 工具，在图像窗口中绘制并调整出如图 5-17 所示的路径。

3. 打开【路径】面板，双击"工作路径"，在弹出的【存储路径】对话框中单击 确定 按钮，将路径保存为"路径 1"。

4. 新建"图层 1"，并将前景色设置为蓝灰色（R:135,G:150,B:185），然后单击【路径】面板底部的 ⬤ 按钮，用前景色填充路径，效果如图 5-18 所示。

图5-17 绘制并调整出的路径

图5-18 填充路径后的效果

5. 选择工具，在属性栏中的按钮处单击，弹出【笔头设置】面板，设置各选项及参数如图 5-19 所示。

6. 新建"图层 2"，并将前景色设置为黑色，再单击【路径】面板底部的按钮，用画笔描绘路径，然后在【路径】面板的灰色区域处单击，将路径隐藏，描绘路径后的效果如图 5-20 所示。

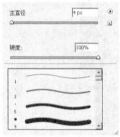

图5-19 【笔头设置】面板参数设置

图5-20 描绘路径后的效果

7. 利用工具和工具，依次绘制并调整出如图 5-21 所示的路径，然后用与步骤 3 相同的方法将其保存为"路径 2"。

8. 选择工具，在【笔头设置】面板中将【主直径】参数设置为"3 px"，然后单击【路径】面板底部的按钮，用画笔描绘路径，效果如图 5-22 所示。

图5-21 绘制并调整出的路径

图5-22 描绘路径后的效果

9. 用与步骤 2～步骤 3 相同的方法，依次绘制并调整出如图 5-23 所示的路径，然后用与步骤 8 相同的方法，对路径进行描绘，效果如图 5-24 所示。

图5-23 绘制并调整出的路径

图5-24 描绘路径后的效果

10. 继续利用 ◇ 工具和 ▷ 工具，绘制并调整出如图 5-25 所示的路径。

11. 新建"图层 3"，然后用与步骤 4~步骤 6 相同的方法，对路径进行填充和描绘，效果如图 5-26 所示。填充的颜色为灰色（R:187,G:201,B:208）。

图5-25 绘制并调整出的路径

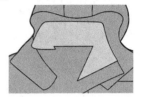

图5-26 填充及描绘路径后的效果

12. 用与步骤 7~步骤 8 相同的方法，依次绘制并描绘路径，效果如图 5-27 所示。

13. 选择 ◇ 工具，按住 Shift 键，绘制如图 5-28 所示的直线路径。

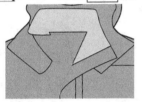 

图5-27 绘制的路径及描绘后的效果　　　　图5-28 绘制出的路径

14. 新建一个【宽度】为"210 像素"、【高度】为"60 像素"、【分辨率】为"150 像素/英寸"、【模式】为"RGB 颜色"、【背景内容】为"黑色"的文件。

15. 执行【编辑】/【定义画笔预设】命令，在弹出的【画笔名称】对话框中直接单击 确定 按钮，将新建文件定义为画笔，然后将其关闭。

16. 选择 ✔ 工具，单击属性栏中的 ▤ 按钮，在弹出的【画笔】面板中选择定义的画笔笔头，然后设置其他选项及参数如图 5-29 所示。

17. 新建"图层 4"，然后单击【路径】面板底部的 ○ 按钮，用画笔描绘路径，效果如图 5-30 所示。

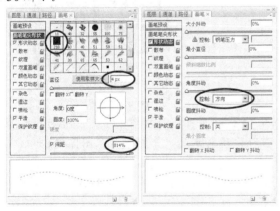 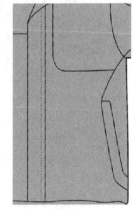

图5-29 【画笔】面板参数设置　　　　　　图5-30 描绘路径后的效果

18. 用与步骤 13 和步骤 17 相同的方法，依次绘制并描绘如图 5-31 所示的虚线。

19. 新建"图层 5"，然后单击【画笔】工具属性栏中的 ▤ 按钮，弹出【画笔】面板，设置各选项及参数如图 5-32 所示。

图5-31 描绘出的虚线

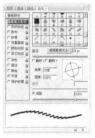

图5-32 【画笔】面板参数设置

20. 将鼠标光标移动到左侧衣领的上方位置单击，绘制黑色色块，然后按住 Shift 键，将鼠标光标移动到图 5-33 所示的位置单击，绘制如图 5-34 所示的黑色色块。

21. 选择 工具，在黑色色块的右侧绘制选区，并按 Delete 键将选择的图形删除，删除后的效果如图 5-35 所示，然后按 Ctrl+D 组合键去除选区。

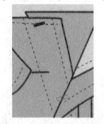
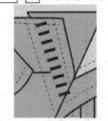

图5-33 鼠标光标放置的位置 　　图5-34 绘制出的黑色色块 　　图5-35 删除图形后的效果

22. 用与步骤 19～步骤 21 相同的方法，利用 工具，通过设置不同的笔头参数，在画面中依次绘制如图 5-36 所示的黑色色块。

23. 利用 工具绘制矩形选区，然后为其填充深褐色（R:115,G:100,B:88）。

24. 将前景色设置为黑色，然后执行【编辑】/【描边】命令，在选区内部描绘宽度为 "4 px" 的黑色边缘，如图 5-37 所示。按 Ctrl+D 组合键去除选区。

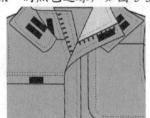
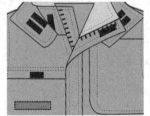

图5-36 绘制出的黑色色块 　　　　　　　　图5-37 描边后的效果

25. 按 Ctrl+O 组合键，将教学辅助资料中 "图库\项目五" 目录下名为 "标志.psd" 的图像文件打开，然后利用 工具将标志图形移动复制到 "未标题-1" 图像文件中，并将其调整至合适的大小，放置到图 5-38 所示的位置。

26. 新建 "图层 7"，利用 工具绘制一个圆形选区，然后将前景色设置为浅蓝色（R:208,G:221,B:240）。

27. 执行【编辑】/【描边】命令，在弹出的【描边】对话框中将【宽度】的参数设置为 "6 px"，【位置】选项设置为 "内部"，单击 确定 按钮，描边后的效果如图 5-39 所示。

28. 选择 工具，在圆形的上方绘制一个矩形选区，并为其填充浅蓝色，如图 5-40 所示，然后按 Ctrl+D 组合键去除选区。

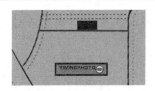
图5-38 标志图形调整后的大小及位置

图5-39 描边后的效果

图5-40 填充颜色后的效果

29. 执行【图层】/【图层样式】/【混合选项】命令，弹出【图层样式】对话框，设置各选项及参数如图 5-41 所示。

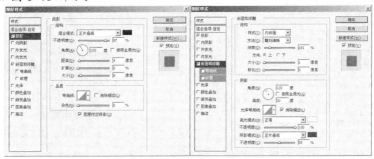
图5-41 【图层样式】对话框参数设置

30. 单击 确定 按钮，添加图层样式后的效果如图 5-42 所示。

31. 将"图层 7"中的图形旋转至合适的角度，移动到画面的上方位置，然后利用 工具将黑线右侧的图形选择并按 Delete 键删除，效果如图 5-43 所示。

32. 将"图层 7"复制生成为"图层 7 副本"，然后将复制出的图形旋转至合适的角度，放置到图 5-44 所示的位置。

图5-42 添加图层样式后的效果

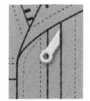
图5-43 删除部分图形后的效果

图5-44 图形放置的位置

33. 按 Ctrl+O 组合键，将前面绘制的"牛仔布.jpg"图像文件打开，执行【图像】/【图像大小】命令，弹出【图像大小】对话框，设置各选项及参数如图 5-45 所示，然后单击 确定 按钮。

【知识链接】

当打开的图像尺寸和分辨率不符合设计要求时，可以利用【图像大小】命令进行重新设置。执行【图像】/【图像大小】命令，弹出【图像大小】对话框，在此对话框中勾选【重定图像像素】复选项，然后在【文档大小】栏中修改图像的宽度、高度和分辨率，即可改变当前图像文件的大小。

在【图像大小】对话框中修改图像尺寸时，勾选【约束比例】复选项，可以保持图像宽度和高度之间的比例不产生变化，从而避免图像产生变形。

说明 图像文件的大小是由图像尺寸（宽度、高度）和分辨率共同决定的，图像的宽度、高度和分辨率数值越大，图像文件也越大。

34. 执行【编辑】/【定义图案】命令，在弹出的【图案名称】对话框中单击 确定 按钮，将牛仔布定义为图案。

35. 新建"图层 8"，并将其调整到"图层 2"的下方，然后执行【编辑】/【填充】命令，在弹出的【填充】对话框，将【使用】选项设置为"图案"，然后在【自定图案】选项列表中选择刚才定义的牛仔布图案。

36. 单击 确定 按钮，为"图层 8"填充牛仔布图案，然后将其图层混合模式设置为"滤色"，更改混合模式后的图像效果如图 5-46 所示。

图5-45　【图像大小】对话框参数设置

图5-46　更改混合模式后的图像效果

37. 至此，男式休闲装效果图绘制完成。按 Ctrl + S 组合键，将此文件命名为"男式休闲装.psd"保存。

任务二　女式连衣裙设计

本任务主要利用【多边形套索】工具、【自由变换】命令、移动复制操作以及图层蒙版来设计花布效果连衣裙。

【步骤图解】

女式连衣裙效果图的制作过程示意图如图 5-47 所示。

图5-47　女式夏装效果图的制作过程示意图

【设计思路】

该连衣裙采用牡丹花作为图案，表现女性的华丽和富贵，因是夏天穿的服装，所以把牡丹花的颜色绘制成了蓝色。该连衣裙款式新颖、大方，表现出了女性雍容华贵的美。

（一） 设计花布图案

【步骤解析】

1. 新建一个【宽度】为"30 厘米"、【高度】为"30 厘米"、【分辨率】为"150 像素/英寸"、【颜色模式】为"RGB 颜色"、【背景内容】为"白色"的文件。

2. 按 Ctrl+O 组合键，将教学辅助资料中"图库\项目五"目录下名为"圆形图案.jpg"的图像文件打开。

3. 利用 ⊻ 工具在打开的图像文件中绘制出如图 5-48 所示的选区，然后利用 ▸⊹ 工具将其移动复制到新建的文件中，并调整至如图 5-49 所示的大小。

图5-48 创建的选区

图5-49 移动复制入的花图案

4. 选择 ✎ 工具，在属性栏中将【容差】的参数设置为"21"，然后在图形的灰绿色部分单击，创建选区，如图 5-50 所示。

5. 按住 Shift 键，在画面中其余的灰绿色部分单击，添加创建的选区，添加后的形态如图 5-51 所示。

图5-50 创建的选区形态

图5-51 添加选区后的形态

> 当在画面中利用 ✎ 工具创建选区后，按住 Shift 键，在画面中再次单击，可以在原有的选区上增加选区。如按住 Alt 键单击，可以在原有的选区上减少选区。

6. 按 Delete 键将选区中的图形删除，然后按 Ctrl+D 键去除选区，效果如图 5-52 所示。

7. 再次选择 ✎ 工具，在属性栏中将【容差】的参数设置为"80"，然后在花图形的亮蓝色部分单击，创建如图 5-53 所示的选区。

图5-52 删除图形后的效果

图5-53 创建的选区

8. 选择 ✎ 工具，将鼠标光标移动到如图 5-54 所示的位置单击，吸取鼠标单击处的颜色，此时吸取的颜色为前景色。

> 利用 ✎ 工具在画面中单击，将会把单击处的颜色设置为前景色。当按住 Alt 键单击时，所吸取的颜色将会成为背景色。

9. 选择 ✎ 工具，在属性栏中单击【画笔】选项右侧的·按钮，在弹出的【笔头选项】面板中选择图 5-55 所示的笔头。

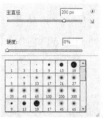

图5-54　鼠标光标放置的位置　　　　　　　　　　　　　　图5-55　设置的笔头

10. 在属性栏中将【流量】的参数设置为 "50%"，然后用所选择的笔头在选区的上边缘喷绘颜色，状态如图 5-56 所示。

11. 沿选区的外边缘拖曳鼠标光标，喷绘出如图 5-57 所示的效果，然后按 Ctrl+D 组合键去除选区。

图5-56　喷绘时的状态　　　　　　　　　　　　　　　图5-57　喷绘后的效果

12. 利用 ✎ 工具将如图 5-58 所示的叶子区域选择，然后利用 ✎ 工具吸取如图 5-59 所示的颜色。

图5-58　创建的选区　　　　　　　　　　　　　　　图5-59　吸取的颜色

13. 利用 ✎ 工具在叶子的上边缘喷绘颜色，去除选区后的效果如图 5-60 所示。

14. 用上面创建选区再喷绘颜色的方法，将其他的叶子颜色进行修改，最终效果如图 5-61 所示。

图5-60　喷绘后的效果　　　　　　　　　　　　　　　图5-61　叶子修改后的效果

15. 将"圆形图案.jpg"文件设置为工作状态，然后利用 工具绘制出如图 5-62 所示的选区。

16. 将选择的图案移动复制到新建的文件中，调整大小后利用 工具将灰绿色区域删除，效果如图 5-63 所示。

图5-62 选择的图案

图5-63 调整后的效果

17. 用与步骤 7～步骤 13 相同的方法对刚复制入的图案进行修改，效果如图 5-64 所示。

18. 将"圆形图案.jpg"文件设置为工作状态，然后利用 工具将右下角的图案选择并移动复制到新建的文件中，调整后的形态如图 5-65 所示。

图5-64 图案修改后的效果

图5-65 图案调整后的大小

19. 按 Ctrl+T 组合键，为图案添加自由变换框，然后将其放大调整，状态如图 5-66 所示。

20. 按 Enter 组合键确认图案的大小调整，然后用与步骤 7～步骤 13 相同的方法对其进行修改，效果如图 5-67 所示。

图5-66 调整图案大小状态

图5-67 图案修改后的效果

21. 在【图层】面板中将"图层 1"设置为工作层，然后利用 工具将叶子图形选择，绘制的选区形态如图 5-68 所示。

22. 按 Ctrl+C 组合键，将选区内的图形进行复制，然后按 Ctrl+V 组合键，将复制的图形再粘贴到画面中，如图 5-69 所示。

图5-68 选择的叶子图形

图5-69 粘贴出的叶子图形

23. 按 Ctrl+T 组合键为复制出的图形添加自由变换框，然后将其旋转至如图 5-70 所示的形态。

24. 在【图层】面板中将 "图层 3" 设置为工作层，然后按住 Alt 键，利用 ▶✛ 工具拖曳图形，将其复制，移动复制出的图形如图 5-71 所示。

图5-70　旋转后的形态　　　　　　　　　　　　　图5-71　移动复制出的图形

25. 执行【编辑】/【变换】/【水平翻转】命令，将复制的图形水平翻转，翻转后的形态如图 5-72 所示。

26. 利用【自由变换】命令将水平翻转后的图形旋转调整至图 5-73 所示的形态。

图5-72　水平翻转后的形态　　　　　　　　　　　图5-73　旋转后的形态

27. 将 "图层 4" 复制为 "图层 4 副本" 层，然后将复制出的图形进行水平翻转，并将其调整至图 5-74 所示的形态。

28. 用同样的方法将 "图层 2" 复制，并将复制出的图形调整变形后移动到如图 5-75 所示的位置。

图5-74　复制出的叶子图形　　　　　　　　　　　图5-75　复制出的花图形

29. 在【图层】面板中，单击 "背景" 层前面的 ◉ 图标，将其隐藏，然后执行【图层】/【合并可见图层】命令，将花图形所在的图层合并为一个图层。

30. 将 "背景" 层显示，然后利用【自由变换】命令，将合并后的图形缩小调整，并移动到如图 5-76 所示的左上角位置。

31. 用移动复制图形的方法，将缩小后的图形依次水平向右移动复制，效果如图 5-77 所示。

图5-76 缩小后的形态及位置

图5-77 复制出的图形

32. 用与步骤 29 相同的方法，将复制出的图层合并为一个层，然后垂直向上移动复制，再依次向下移动复制，制作出如图 5-78 所示的花布效果。

33. 将复制出的图层再次合并，合并成为"图层 1"层，然后按 Ctrl+S 组合键，将此文件命名为"花布设计.psd"保存。

图5-78 制作出的花布效果

（二） 设计连衣裙效果

【步骤解析】

1. 按 Ctrl+O 组合键，打开教学辅助资料中"图库/项目五"目录下名为"人物.jpg"的图像文件，如图 5-79 所示。

2. 选择 工具，确认属性栏中的【连续】复选项处于勾选状态，按住 Shift 键依次单击裙子图形区域添加选区，效果如图 5-80 所示。

图5-79 打开的图像文件

图5-80 创建的选区

3. 将"花布设计.psd"文件打开，然后按 Ctrl+A 组合键，将花布图案选择，再按 Ctrl+C 组合键，将选择的图案复制。

4. 将"人物.jpg"文件设置为工作状态，然后执行【编辑】/【贴入】命令，将复制图案贴入创建的选区中，效果及【图层】面板如图 5-81 所示。

【知识链接】

在 Photoshop CS3 中，可以利用【编辑】菜单中的【剪切】、【拷贝】、【合并拷贝】、【粘贴】和【贴入】等命令来复制图像。这些命令通常需要配合使用，操作方法为：先利用【剪切】、【拷贝】或【合并拷贝】命令将图像保存到剪贴板中，然后再用【粘贴】或【贴入】命令将剪贴板中的图像粘贴到指定位置。

图5-81　贴入图像后的效果及【图层】面板

- 【剪切】命令：此命令可以将选区内的图像剪切并保存到剪贴板中，在剪切过程中原图层中的图像消失。快捷键为 Ctrl+X 组合键。
- 【拷贝】命令：此命令可以将选区内的图像复制并保存到剪贴板中，并保持原图层中的图像。快捷键为 Ctrl+C 组合键。
- 【合并拷贝】命令：当文件中含有多个图层时，此命令可以将选区内包含的所有图层中的图像一起复制保存到剪贴板中。快捷键为 Shift+Ctrl+C 组合键。
- 【粘贴】命令：此命令可以将剪贴板中保存的图像粘贴到当前文件中，并在【图层】面板中生成一个新图层。快捷键为 Ctrl+V 组合键。
- 【贴入】命令：在当前文件中创建选区之后，此命令才可用，它可以将剪贴板中保存的图像粘贴到选区之内，从而使选区之外的图像不可见，并在【图层】面板中生成新的具有图层蒙版的图层。快捷键为 Shift+Ctrl+V 组合键。

剪贴板是临时存储复制内容的系统内存区域，它只能保存最后一次复制的内容，也就是说用户每次将指定的内容复制到剪贴板之后，此内容都将覆盖剪贴板中已存在的内容。

5. 选择 工具，在打开的"花布设计"文件中选择如图 5-82 所示的花图案。

6. 将选择的图案移动复制到"人物.jpg"文件中，调整大小后放置到如图 5-83 所示的位置。

图5-82　选择的图案

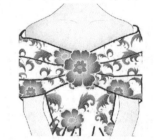

图5-83　花图案调整后的大小及位置

7. 执行【图像】/【调整】/【色相/饱和度】命令（快捷键为 Ctrl+U 组合键），弹出【色相/饱和度】对话框，参数设置如图 5-84 所示，然后单击 确定 按钮。

8. 执行【图层】/【图层样式】/【投影】命令，弹出【图层样式】对话框，选项及参数设置如图 5-85 所示。

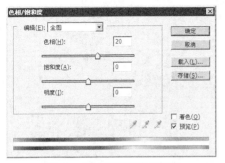

图5-84　【色相/饱和度】对话框

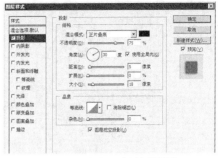

图5-85　【投影】选项参数设置

9.　单击 　　　确定　　　 按钮，花图案调整后的效果如图 5-86 所示。

10.　在【图层】面板中将"背景层"设置为工作层，然后利用 工具，将画面中的白色区
　　　域选择，如图 5-87 所示。

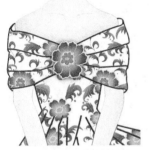

图5-86　花图案调整后的效果

图5-87　创建的选区

11.　将前景色设置为黄绿色（R:229,G:234,B:204），然后按 Alt + Backspace 组合键，将设置
　　　的颜色填充至选区内，再按 Ctrl + D 组合键去除选区。

12.　在【图层】面板中新建"图层 3"，然后利用 工具在画面的左上角位置依次绘制如图
　　　5-88 所示的灰绿色（R:200,G:209,B:172）图形。

13.　利用 工具绘制出如图 5-89 所示的椭圆形选区，然后按 Delete 键，将选区内的图形
　　　删除。

图5-88　绘制的图形

图5-89　绘制的选区

14.　新建"图层 4"，利用 工具及移动复制操作，在画面的左上角依次复制出如图 5-90
　　　所示的白色圆形。

15.　利用 T 工具输入文字，并利用 工具在文字下方绘制褐色的线形如图 5-91 所示。

16.　继续利用 T 工具在画面的右上角位置依次输入如图 5-92 所示的文字及字母，即可完成
　　　连衣裙的设计。

图5-90 绘制的圆形

图5-91 输入的文字及绘制的线形

图5-92 输入的文字及字母

17. 按 $\boxed{Shift}+\boxed{Ctrl}+\boxed{S}$ 组合键，将此文件另命名为 "服装效果图绘制.psd" 保存。

任务三 吊牌设计

本任务灵活运用各种形状工具、【文字】工具、路径工具、路径的描绘功能以及【图层样式】命令、【自由变换】命令和沿路径输入文字的方法来设计服装吊牌效果。

【步骤图解】

服装吊牌制作的操作过程示意图如图 5-93 所示。

图5-93 服装吊牌制作的操作过程示意图

【设计思路】

该吊牌采用紫色调，紫色代表高贵，常为贵族所爱使用的颜色。形状采用长方形和圆形的结合，造型简洁、美观。

（一） 设计吊牌

【步骤解析】

1. 新建一个【宽度】为 "30 厘米"、【高度】为 "18 厘米"、【分辨率】为 "200 像素/英寸"、【颜色模式】为 "RGB 颜色"、【背景内容】为 "白色" 的文件。

2. 利用 工具为背景层自上向下填充由白色到黑色的线性渐变色，如图 5-94 所示。

3. 将前景色设置为白色，然后选择 ▢工具，并将属性栏中【半径】的参数设置为 "30 px"，激活属性栏中的 ▢按钮，在画面的右侧位置绘制出如图 5-95 所示的白色圆角矩形。

图5-94 填充的渐变色

图5-95 绘制的圆角矩形

4. 新建"图层 1"，利用 ▢工具在圆角矩形上方绘制出如图 5-96 所示的黑色矩形。

5. 选择 T工具，在圆角矩形上依次输入如图 5-97 所示的黑色文字。

图5-96 绘制的矩形

图5-97 输入的文字

6. 灵活运用 ✎工具和 ▨工具，依次绘制出如图 5-98 所示的路径。

7. 新建"图层 2"，将前景色设置为黑色，然后选择 ✎工具，并将画笔笔头的【主直径】设置为 "4 px"，【硬度】设置为 "100%"。

8. 单击【路径】面板中的 ○按钮，用设置的画笔对路径进行描绘，隐藏路径后的效果如图 5-99 所示。

图5-98 绘制的路径

图5-99 描绘后的效果

9. 继续利用 T工具依次输入吊牌中的其他文字，如图 5-100 所示。

10. 将前景色设置为白色，利用 ◯工具，在吊牌的上方位置绘制出如图 5-101 所示的圆形。

11. 在【图层】面板中，将"形状 1"层复制为"形状 1 副本"层，然后双击"形状 1 副本"层的图层缩览图，在弹出的【拾到实色】对话框中，将颜色设置为紫红色（R:145,G:16,B:117），并单击 确定 按钮。

图5-100 输入的文字

图5-101 绘制的圆形

12. 新建"图层3"，用"任务二"中依次复制图形的方法，利用 ◯ 工具，在画面中绘制
出如图 5-102 所示的白色圆形，注意最终将所有圆形合并到"图层 3"中。

13. 单击【图层】面板下方的 *fx* 按钮，在弹出的菜单中选择"渐变叠加"命令，然后在弹
出的【图层样式】对话框中设置渐变颜色如图 5-103 所示。

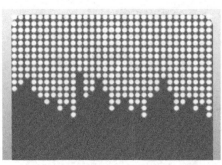

图5-102 复制出的圆形

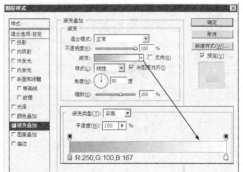

图5-103 设置的渐变颜色

14. 单击 确定 按钮，为圆形叠加渐变色，然后将【图层】面板中的【不透明度】参
数设置为"50%"，效果如图 5-104 所示。

15. 确认前景色为白色，利用 ◯ 工具绘制出如图 5-105 所示的白色圆形。

16. 单击【图层】面板下方的 *fx* 按钮，在弹出的菜单中选择"描边"命令，然后在弹出的
【图层样式】对话框中设置参数如图 5-106 所示。其中描边颜色为深褐色
（R:86,G:14,B:70）。

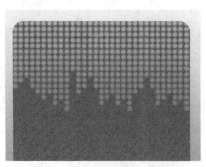

图5-104 叠加渐变色后的效果

图5-105 绘制的白色图形

图5-106 设置的描边参数

17. 单击 确定 按钮，为圆形添加描边效果。

18. 按 Ctrl+O 组合键，打开教学辅助资料中"作品\项目一"目录下名为"艾林之鸟服饰标
志.psd"的图像文件。

19. 在【图层】面板中将"图层 1"～"图层 5 副本"层之间的图层同时选择，然后按 Ctrl+E 组合键将其合并为一个图层。

20. 将合并后的图形移动复制到新建的文件中，调整大小后放置到如图 5-107 所示的位置，注意将其生成的图层修改为"图层 4"。

21. 利用 T 工具，在图形下方输入如图 5-108 所示的白色文字。

22. 将"形状 2"层复制为"形状 2 副本"层，然后将复制出的小圆形移动到如图 5-109 所示的位置。

图5-107 图形调整后的大小及位置

图5-108 输入的文字

图5-109 复制出的图形

23. 选择 ○ 工具，将属性栏中的【边】选项设置为"8"，然后单击 ▾ 按钮，在弹出的选项面板中设置选项及参数如图 5-110 所示。

24. 激活属性栏中的 ▨ 按钮，然后在画面的左侧位置绘制出如图 5-111 所示的路径。

25. 新建"图层 5"，然后按 Ctrl+Enter 组合键，将路径转换为选区，并为其填充紫红色（R:145,G:16,B:117）。

26. 将"形状 3"层和"图层 4"层同时选择并复制，然后将复制出的图形分别移动到如图 5-112 所示的位置。

图5-110 设置的选项及参数

图5-111 绘制的路径

图5-112 复制图形放的位置

27. 将前景色设置为白色，然后在【图层】面板中，单击"形状 3 副本"层中的矢量蒙版缩览图，使圆形路径在画面中显示。

28. 选择 T 工具，单击属性栏中的 ▤ 按钮，并将【字体】选项设置为"汉仪中圆简"，然后将鼠标光标移动到显示的圆形上，状态如图 5-113 所示。

29. 单击鼠标左键，确认输入文字的起点，然后依次输入如图 5-114 所示的白色文字。

30. 单击属性栏中的 ✓ 按钮，确认文字的输入，然后单击 ▤ 按钮，在弹出的【字符】面板中设置选项及参数如图 5-115 所示。

图5-113 鼠标光标放置的位置

图5-114 输入的文字

图5-115 设置的选项及参数

【知识链接】

在 Photoshop CS3 中，可以利用文字工具沿着路径输入文字，路径可以是用【钢笔】工具或【矢量形状】工具创建的任意路径形状，在路径边缘或内部输入文字后还可以移动路径或更改路径的形状，且文字会顺应新的路径位置或形状。

一、编辑调整路径上的文字

利用 🔺 工具或 🔻 工具可以移动路径上的文字位置，其操作方法为：选择这两个工具中的一个，将鼠标光标移动到路径上文字的起点位置，此时鼠标光标会变为 ⬭ 形状，在路径的外侧沿着路径拖曳鼠标光标，即可移动文字在路径上的位置。

二、隐藏和显示路径上的文字

选择 🔺 工具或 🔻 工具，将鼠标光标移动到路径文字的起点或终点位置，当鼠标光标显示为 ⬭ 形状时，沿顺时针或逆时针方向拖曳鼠标光标，可以在路径上隐藏部分文字，此时文字终点图标显示为 ⊕ 形状，当拖曳至文字的起点位置时，文字将全部隐藏，此时再拖曳鼠标光标，文字又会在路径上显示。

三、在闭合路径内输入文字

在闭合路径内输入文字相当于创建段落文字，输入方法为：选择 T 或 T 工具，将鼠标光标移动到闭合路径内，当鼠标光标显示为 ⬭ 形状时单击指定插入点，此时在路径内会出现闪烁的光标，且路径外出现文字定界框，此时即可输入文字。

31. 按 Ctrl+T 组合键，为路径文字添加自由变换框，然后按住 Shift+Ctrl 组合键，将路径以中心等比例放大，状态如图 5-116 所示。

32. 按 Enter 键，确认路径的放大调整，然后利用 T 工具在图形下方输入如图 5-117 所示的白色文字，即可完成单个吊牌的制作。

图5-116 调整路径大小状态

图5-117 输入的文字

33. 按 Ctrl+S 组合键，将此文件命名为"吊牌设计.psd"保存。

（二） 设计吊牌组合

【步骤解析】

1. 新建一个【宽度】为"26 厘米"、【高度】为"28 厘米"、【分辨率】为"200 像素/英寸"、【颜色模式】为"RGB 颜色"、【背景内容】为"白色"的文件。

2. 选择 ▦ 工具，将前景色设置为黑色，背景色设置为白色，然后单击属性栏中的渐变颜色块，在弹出的选项窗口中选择如图 5-118 所示的"前景到背景"渐变样式。

3. 确认属性栏中的【反向】选项处于选择状态，激活按钮，然后将鼠标光标移动到画面的中心位置按下鼠标左键并向右下方拖曳，为背景层从中心向边缘填充由白色到黑色的径向渐变色，如图 5-119 所示。

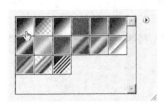

图5-118　选择的渐变样式

图5-119　填充渐变色后的效果

4. 将"吊牌设计.psd"文件打开，然后将如图 5-120 所示的图层同时选择。

5. 按 Ctrl+E 组合键，将选择的图层合并，然后将合并后的吊牌图形移动复制到新建的文件中。

6. 按 Ctrl+T 组合键，为图形添加自由变换框，然后将其调整至如图 5-121 所示的形态。

图5-120　选择的图层

图5-121　调整后的效果

7. 按 Enter 键确认图形的调整，然后将"吊牌设计.psd"文件设置为工作状态，并选择如图 5-122 所示的图层。

8. 按 Ctrl+E 组合键将选择的图层合并，然后将合并后的吊牌图形移动复制到新建的文件中。

9. 执行【图层】/【图层样式】/【投影】命令，在弹出的【图层样式】对话框中设置选项及参数如图 5-123 所示。

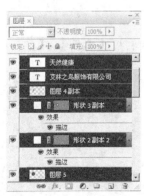

图5-122　选择的图层

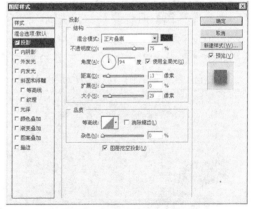

图5-123　设置的选项参数

10. 单击 ⬚⬚⬚确定⬚⬚⬚ 按钮，为图形添加投影效果，以利用在下面对其进行变形时能与下方的图形区分。

11. 按 Ctrl+T 组合键，为设置投影后的图形添加自由变换框，然后将其调整至如图 5-124 所示的形态，并按 Enter 键确认。

12. 在【图层】面板中将"图层 1"设置为工作层，然后利用【图层】/【图层样式】/【投影】命令，为其添加投影效果，参数设置如图 5-125 所示。

图5-124 调整后的形态

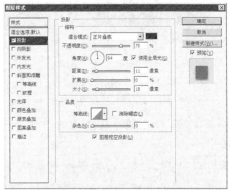

图5-125 设置的选项参数

13. 单击 确定 按钮，添加的投影效果如图 5-126 所示。
接下来制作提绳效果。

14. 灵活利用 工具和 工具绘制出如图 5-127 所示的路径。

图5-126 添加的投影效果

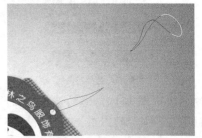

图5-127 绘制的路径

15. 在"图层 2"的上方新建"图层 3"，然后将前景色设置为紫檀色（R:52,G:4,B:42）。

16. 选择 工具，并将画笔笔头的【主直径】设置为"5 px"，【硬度】设置为"100%"。

17. 单击【路径】面板中的 按钮，用设置的画笔对路径进行描绘，隐藏路径后的效果如图 5-128 所示。

18. 新建"图层 4"，利用 工具绘制椭圆形选区，然后利用【选区】/【变换选区】命令将选区调整至如图 5-129 所示的形态。

图5-128 描绘后的效果

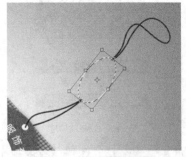

图5-129 变换后的选区形态

19. 按 Enter 键，确认选区的变换调整，然后为其填充紫红色（R:120,G:6,B:95），去除选区后的效果如图 5-130 所示。

20. 利用 ✍ 工具和 ✎ 工具绘制出如图 5-131 所示的路径，然后按 Ctrl+Enter 组合键将路径转换为选区。

图5-130　填充颜色后的效果

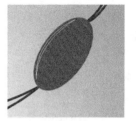

图5-131　绘制的路径

21. 按 Shift+F6 组合键，在弹出的【羽化选区】对话框中将【羽化半径】选项的参数设置为 "2 像素"，然后单击 ▭ 确定 ▭ 按钮。

22. 新建 "图层 5"，为选区填充上白色，然后按 Ctrl+D 组合键，将选区去除，效果如图 5-132 所示。

23. 利用 T 工具，依次输入如图 5-133 所示的白色文字，然后按 Ctrl+T 组合键，为文字添加自由变换框，并将其调整至如图 5-134 所示的形态。

图5-132　制作的高光效果

图5-133　输入的文字

图5-134　调整后的形态

24. 至此，吊牌制作完成，整体效果如图 5-135 所示，按 Ctrl+S 组合键，将文件命名为 "吊牌效果组合.psd" 保存。

图5-135　设计完成的吊牌效果

项目实训

参考本项目范例的操作过程，请读者制作出下面的亚麻布效果和男式夏装。

实训一　制作亚麻布效果

要求：利用【滤镜】菜单下的【添加杂色】命令、【动感模糊】命令、【进一步锐化】命令及【图像】/【调整】/【色相/饱和度】命令，制作如图 5-136 所示的亚麻布效果。

【步骤解析】

1. 在新建的黑色背景文件中，依次执行【滤镜】/【杂色】/【添加杂色】命令和【滤镜】/【模糊】/【动感模糊】命令，参数设置如图 5-137 所示。

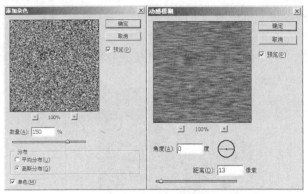

图5-136 制作的亚麻布效果　　　　　图5-137 【添加杂色】和【动感模糊】对话框参数

2. 复制"背景"层为"背景副本"层，然后执行【编辑】/【变换】/【旋转 90 度（顺时针）】命令，并将副本层的【图层混合模式】选项设置为"滤色"。

3. 合并图层并执行【滤镜】/【锐化】/【进一步锐化】命令和【图像】/【调整】/【色相/饱和度】命令，即可完成亚麻效果的制作。

实训二　男式 T 恤设计

　　要求：灵活运用路径工具及路径的描绘功能，设计出如图 5-138 所示的男式 T 恤效果。

【设计思路】

　　该 T 恤是常见的一款夏装，款式简洁，适宜大众。

【步骤解析】

1. 新建黑色背景的文件后，利用 ✍ 工具和 ⌐ 工具绘制如图 5-139 所示的路径，然后新建"图层 1"，将路径转换成选区后填充白色。

2. 利用【路径】工具及路径的描绘功能，制作如图 5-140 所示的结构线形。

图5-138 设计的 T 恤效果

图5-139 绘制的路径

图5-140 描绘出的结构线形

3. 将教学辅助资料中"作品\项目一"目录下名为"练习一_标志设计.psd"的图像文件打开，然后将标志图形选择并移动复制到服装效果图中，即可完成男式 T 恤的设计。

实训三　男式夏装设计

要求：利用与任务一中设计男式休闲装相同的方法，设计如图 5-141 所示的男式夏装效果。

【设计思路】

该 T 恤是一款休闲加运动的男士服装，款式洋气运动感强，很适宜年轻人。

【步骤解析】

1. 新建文件后，利用  工具和 工具绘制如图 5-142 所示的路径。新建"图层 1"，将路径转换成选区后填充灰色（R:122,G:127,B:130）。

2. 执行【滤镜】/【纹理】/【纹理化】命令，参数设置与得到的纹理局部效果如图 5-143 所示。

图5-141　设计完成的男式夏装效果

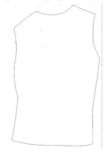

图5-142　绘制的路径

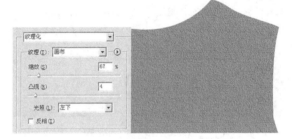

图5-143　【纹理化】参数设置与局部纹理效果

3. 复制图层后执行【滤镜】/【模糊】/【动感模糊】命令，参数设置如图 5-144 所示。

4. 将"图层 1"设置为工作层，然后为其执行【滤镜】/【模糊】/【动感模糊】命令，其【角度】的值为"90"度，再执行【滤镜】/【模糊】/【高斯模糊】命令，参数设置如图 5-145 所示。

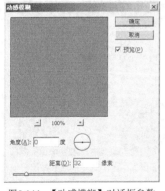

图5-144　【动感模糊】对话框参数

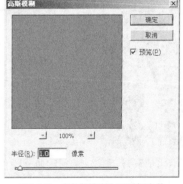

图5-145　【高斯模糊】对话框参数

5. 将"图层 1 副本"设置为工作层，将图层的【混合模式】设置为"叠加"。

6. 新建图层后依次绘制如图 5-146 所示的颜色块，然后利用【路径】工具及路径的描绘功能，制作如图 5-147 所示的结构线形。

7. 用与任务一中制作拉链效果相同的方法，制作如图 5-148 所示的拉链效果。

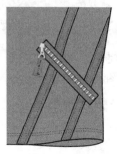

图5-146　绘制的色块图形　　　图5-147　描绘的结构线形　　　图5-148　制作的拉链效果

8. 依次将教学辅助资料中"图库\项目五"目录下名为"图案 01.jpg"、"标签 01.jpg"和
"标签 02.jpg"的图像文件打开，然后利用工具和工具及移动复制操作将其分别
添加到服装效果图中，完成男式夏装的制作。

项目小结

本项目主要学习了服装效果图的绘制方法，包括男式休闲装和女式连衣裙和服装吊牌的
设计。通过本项目的学习，希望读者能掌握绘制服装效果图的方法，并掌握【滤镜】命令的
综合运用及利用蒙版制作特殊效果的方法。

思考与练习

1. 参考本项目任务一的操作过程，设计如图 5-149 所示的牛仔裤效果。注意灵活运用
【减淡】工具、【加深】工具和【涂抹】工具。
2. 参考本项目任务二的操作过程，设计如图 5-150 所示的服装效果图。
3. 参考本项目任务三的操作过程，设计如图 5-151 所示的服装吊牌效果。

图5-149　设计的牛仔裤效果　　图5-150　设计的服装效果图　　　图5-151　设计的服装吊牌效果

项目六

照片处理

Photoshop CS3 提供了很多类型的图像色彩调整命令和图像处理工具，以供用户对照片进行处理。利用色彩调整命令可以将彩色图像调整成黑白或单色效果，也可以为黑白图像上色，还可以对因拍摄不当造成曝光过度或曝光不足的图像进行调整；利用图像处理工具可以去除人物红眼效果，去除照片中多余的图像及对人物皮肤进行美容等。

本项目将利用图像色彩调整命令对图像的颜色进行调整，制作相册效果；然后利用色彩调整命令结合通道将婚纱照片在黑色背景中选出，换靓丽背景；最后利用图像色彩调整命令为黑白照片上色，合成及上色后的图像效果如图 6-1 所示。

图6-1　合成及上色后的图像效果

学习目标

了解照片处理的方法及技巧。

熟悉图层混合模式的运用。

熟悉【图像】/【调整】菜单下各命令的功能及使用方法。

掌握利用【通道】选取图像的方法。

掌握黑白照片彩色化处理的方法。

熟悉各图像处理工具的作用与运用。

掌握【污点修复画笔】工具的应用。

掌握利用【修补】工具和【仿制图章】工具去除多余的图像。

学习修复闭眼效果的方法。

任务一 图像合成

本任务主要综合运用图层，并结合【图像】/【调整】命令对图像进行色调和亮度的调整，然后利用路径工具、【描边】命令及【拷贝】和【贴入】命令，将调整后的图像贴入绘制的图形中，制作成相册效果。

【步骤图解】

图像合成的过程示意图如图 6-2 所示。

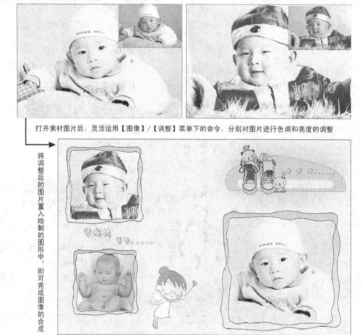

图6-2 图像合成的过程示意图

【制作思路】

- 打开名为"宝宝 01.jpg"的素材图片，运用图层的图层混合模式、【不透明度】选项结合【图像】/【调整】菜单下的命令对图片进行调色。
- 打开名为"宝宝 02.jpg"的素材图片，运用【应用图像】命令结合图像模式的相互转换和【图像】/【调整】/【曲线】命令将图像调亮。
- 新建文件，利用路径工具和【描边】命令绘制图形、然后输入文字并导入卡通图像，最后利用图像的复制和贴入操作将图片贴入到图形中，即可完成图像的合成。

（一）调整相片

【步骤解析】

1. 按 Ctrl+O 组合键，打开教学辅助资料中"图库\项目六"目录下名为"宝宝 01.jpg"的图片文件，如图 6-3 所示。

2. 新建"图层 1"，为其填充淡蓝色（R:178,G:235,B:248），然后将其图层混合模式设置为"强光"，更改混合模式后的效果如图6-4所示。

图6-3 打开的图片

图6-4 更改混合模式后的效果

3. 将"背景"层复制生成为"背景 副本"层，并将其调整至所有图层的上方位置，然后将其图层混合模式设置为"柔光"。

4. 将"背景 副本"层复制生成为"背景 副本 2"层，增加图像的清晰度，效果如图 6-5 所示。

5. 将"背景 副本 2"层复制生成为"背景 副本 3"层，并将其图层混合模式设置为"正常"，【不透明度】的参数设置为"10%"，降低不透明度后的效果如图6-6所示。

图6-5 增加清晰度后的效果

图6-6 降低不透明度后的效果

6. 按 Ctrl+M 组合键，在弹出的【曲线】对话框中调整曲线形态如图 6-7 所示。

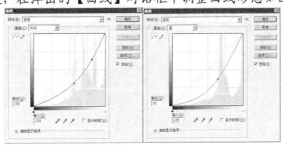

图6-7 【曲线】对话框

7. 单击 确定 按钮，调整后的效果如图 6-8 所示。

8. 新建"图层 2"，为其填充上淡黄色（R:250,G:245,B:218），然后将其【不透明度】的参数设置为"50%"，图层混合模式设置为"正片叠底"，更改混合模式后的效果如图 6-9 所示。

图6-8 调整后的效果

图6-9 更改混合模式后的效果

9. 执行【图像】/【调整】/【通道混合器】命令，在弹出的【通道混合器】对话框中设置参数如图 6-10 所示。

10. 单击 确定 按钮，调整后的效果如图 6-11 所示。

图6-10 设置【通道混合器】参数

图6-11 调整后的效果

11. 按 Shift+Ctrl+Alt+E 组合键盖印图层，生成"图层 3"，然后执行【图像】/【调整】/【去色】命令，将"图层 3"中图像的颜色去除，效果如图 6-12 所示。

12. 执行【图像】/【调整】/【亮度/对比度】命令，在弹出的【亮度/对比度】对话框中将【亮度】的参数设置为"5"，【对比度】的参数设置为"10"，单击 确定 按钮。

13. 将"图层 3"的图层混合模式设置为"柔光"，更改混合模式后的效果如图 6-13 所示。

图6-12 执行【去色】命令后的效果

图6-13 更改混合模式后的效果

14. 按 Shift+Ctrl+Alt+E 组合键盖印图层，生成"图层 4"，然后执行【图像】/【调整】/【曲线】命令，在弹出的【曲线】对话框中调整曲线形态如图 6-14 所示。

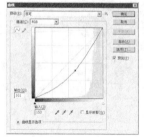

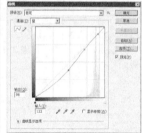

图6-14 【曲线】对话框

15. 单击 确定 按钮，调整后的效果如图 6-15 所示。

16. 执行【滤镜】/【锐化】/【USM 锐化】命令，在弹出的【USM 锐化】对话框中设置参数如图 6-16 所示。

图6-15 调整后的效果

图6-16 设置【USM 锐化】参数

17. 单击 确定 按钮，执行【USM 锐化】命令后的效果如图 6-17 所示。

18. 按 Shift+Ctrl+S 组合键，将文件另命名为"宝宝调色 01.psd"保存。
接下来，调整另一张照片的颜色。

19. 按 Ctrl+O 组合键，打开教学辅助资料中"图库\项目六"目录下名为"宝宝 02.jpg"的图片，如图 6-18 所示。

20. 执行【图像】/【应用图像】命令，在弹出的【应用图像】对话框中设置参数如图 6-19 所示。

图6-17 执行【USM 锐化】命令后的效果

图6-18 打开的图片

图6-19 设置【应用图像】参数

21. 单击 确定 按钮，执行【应用图像】命令后的效果如图 6-20 所示。

22. 执行【图像】/【模式】/【Lab 颜色】命令，将图像文件的颜色模式转换为"Lab"颜色模式。

23. 按 Ctrl+M 组合键，在弹出的【曲线】对话框中调整曲线形态如图 6-21 所示。

图6-20 调亮后的图像效果

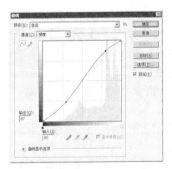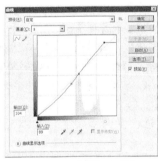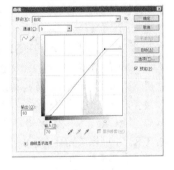

图6-21 【曲线】对话框

说明 在【曲线】对话框中调整"通道 a"的曲线形态时，是将右上角的控制点向左下方调整，而不是添加节点后调整位置，这样调整后的曲线即显示直线形态；同样"通道 b"的曲线形态是将两端的控制点分别向左下方和右侧调整而生成的。

24. 单击 确定 按钮，调整后的效果如图 6-22 所示。

25. 执行【图像】/【模式】/【RGB 颜色】命令，将图像文件的颜色模式转换为"RGB"颜色模式。

26. 在【通道】面板中，按住 Ctrl 键，单击"红"通道的通道缩览图载入选区，选区形态如图 6-23 所示。

图6-22 调整后的效果

图6-23 载入的选区

27. 按 Ctrl+M 组合键，在弹出的【曲线】对话框中调整曲线形态如图 6-24 所示。

28. 单击 确定 按钮，确认图像的调整，按 Ctrl+D 键去除选区，效果如图 6-25 所示。

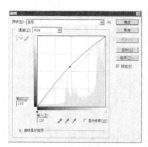 

图6-24 【曲线】对话框

图6-25 调整后的效果

29. 按 Shift+Ctrl+S 组合键，将文件另命名为"宝宝调色 02.psd"保存。

（二）设计儿童相册

下面利用路径工具、【描边】命令及路径的描绘功能，结合【编辑】/【拷贝】命令和【编辑】/【贴入】命令来合成图像。

【步骤解析】

1. 新建一个【宽度】为"20 厘米"、【高度】为"13 厘米"、【分辨率】为"200 像素/英寸"、【颜色模式】为"RGB 颜色"、【背景内容】为"白色"的文件。

2. 将前景色设置为淡黄色（R:250,G:240,B:200），然后将其填充至背景层中。

3. 利用 工具和 工具，在画面的右下角位置绘制并调整出如图 6-26 所示的路径，然后按 Ctrl+Enter 组合键，将路径转换为选区。

4. 新建"图层 1"，然后将前景色设置为黄绿色（R:215,G:220,B:90），背景色设置为浅黄色（R:240,G:245,B:140）。

5. 选择 工具，为选区由上至下填充从前景到背景的线性渐变色，效果如图 6-27 所示，然后按 Ctrl+D 组合键，将选区去除。

图6-26 绘制的路径

图6-27 填充渐变色后的效果

6. 执行【图层】/【图层样式】/【描边】命令，在弹出的【图层样式】对话框中设置参数如图 6-28 所示，然后单击 [确定] 按钮，添加描边样式后的效果如图 6-29 所示。

图6-28　设置【图层样式】参数　　　　　图6-29　添加描边样式后的效果

7. 将"图层 1"复制生成为"图层 1 副本"，然后执行【编辑】/【变换】/【垂直翻转】命令，将复制出的图形翻转。

8. 按 Ctrl+T 组合键，为"图层 1 副本"中的图形添加自由变换框，并按住 Shift+Alt 键，将其调整至如图 6-30 所示的形态，然后按 Enter 键，确认图形的变换操作。

9. 将"图层 1"和"图层 1 副本"同时选择，单击【图层】面板左下方的 ∞ 按钮，将两个图层链接，然后将其依次复制 2 次，再分别将复制出的图形调整大小后放置到如图 6-31 所示的位置。

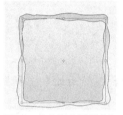

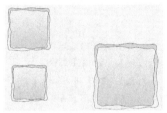

图6-30　变换后的图形形态　　　　　　　图6-31　图形放置的位置

10. 新建"图层 2"，并将前景色设置为黄卡其色（R:150,G:15,B:85），然后利用 🖋 工具和 ▷ 工具，在画面中绘制并调整出如图 6-32 所示的路径。

11. 选择 ✐ 工具，在属性栏中设置一个【主直径】为"3 px"、【硬度】为"100%"的画笔笔头，然后单击【路径】面板底部的 ○ 按钮，用画笔描绘路径，隐藏路径后的效果如图 6-33 所示。

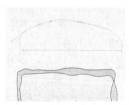

图6-32　绘制的路径　　　　　　　　　　图6-33　描绘路径后的效果

12. 利用 ⬚ 工具，在"图层 2"图形的中心位置单击添加选区，添加的选区形态如图 6-34 所示。

13. 新建"图层 3"，为选区填充上黄绿色（R:212,G:220,B:90），效果如图 6-35 所示，然后按 Ctrl+D 组合键，将选区去除。

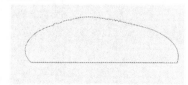

图6-34　添加的选区形态　　　　　　　　图6-35　填充颜色后的效果

14. 新建"图层 4"，然后将前景色设置为淡黄色（R:240,G:245,B:145）。

15. 选择 ▢ 工具，激活属性栏中的 ▢ 按钮，并将【半径】的参数设置为"100 px"，然后绘制出如图 6-36 所示的圆角矩形。

16. 新建"图层 5"，选择 ✐ 工具，然后单击属性栏中的 ▤ 按钮，在弹出的【画笔】面板中设置参数如图 6-37 所示。

图6-36 绘制的图形

17. 按住 Shift 键，在圆角矩形上绘制出如图 6-38 所示的白色圆点图形。

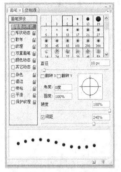

图6-37 【画笔】面板

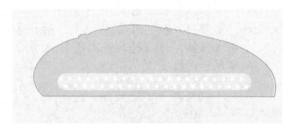

图6-38 绘制的图形

18. 选择 ◯ 工具，将属性栏中【羽化】的参数设置为"30 px"，然后绘制出如图 6-39 所示的椭圆形选区。

19. 在"图层 2"的下方新建"图层 6"，为选区填充上浅黄色（R:240,G:220,B:150），效果如图 6-40 所示，然后将选区去除。

图6-39 绘制的选区

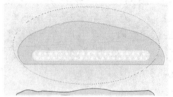

图6-40 填充颜色后的效果

20. 新建"图层 7"，然后将前景色设置为暗红色（R:238,B:220,B:160）。

21. 选择 ✍ 工具，单击属性栏中的 ✴· 按钮，在弹出的【自定形状】面板中单击右上角的 ▸ 按钮。

22. 在弹出的下拉菜单中选择"全部"命令，在【自定形状】面板中增加形状图形。

23. 在【自定形状】面板中依次选择如图 6-41 所示的形状图形，然后分别绘制图形并复制，再利用【编辑】/【自由变换】命令，对其进行大小及角度的调整，效果如图 6-42 所示。

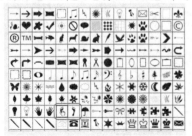

图6-41 【自定形状】面板

图6-42 绘制的图形

24. 按 Ctrl+O 组合键，打开教学辅助资料中"图库\项目六"目录下名为"卡通.psd"的图片，然后依次将其移动复制到新建文件中生成"图层 8"和"图层 9"，并调整大小后分别放置到如图 6-43 所示的位置。

25. 利用 T 工具，输入如图 6-44 所示的白色文字。

图6-43 图像放置的位置　　　　　　　　　　　　　图6-44 输入的文字

26. 执行【图层】/【图层样式】/【投影】命令，在弹出的【图层样式】对话框中设置参数如图 6-45 所示，然后单击 确定 按钮，添加投影样式后的效果如图 6-46 所示。

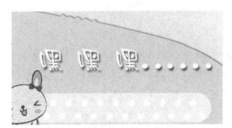

图6-45 设置【图层样式】参数　　　　　　　　　　图6-46 添加投影样式后的效果

27. 利用 T 工具，输入如图 6-47 所示的白色文字。

图6-47 输入的文字

28. 执行【图层】/【图层样式】/【描边】命令，在弹出的【图层样式】对话框中设置参数如图 6-48 所示。

29. 单击 确定 按钮，添加描边样式后的效果如图 6-49 所示。

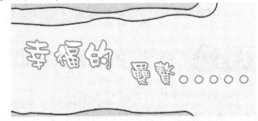

图6-48 设置【图层样式】参数　　　　　　　　　　图6-49 添加描边样式后的效果

30. 按 Ctrl+O 组合键，将前面调整的"宝宝调色 01.psd"文件打开，再按 Shift+Ctrl+E 组合键，将所有可见图层合并为"背景"层。

31. 按 Ctrl+A 组合键，将画面全部选择，然后按 Ctrl+C 组合键，将选择的内容复制到剪贴板中。

32. 将新建文件设置为工作状态，然后按住 Ctrl 键单击"图层 1 副本"左侧的图层缩略图添加选区。

33. 按 Shift+Ctrl+V 组合键，将剪贴板中的内容贴入当前选区中，此时会在【图层】面板中生成"图层 10"层的蒙版层，贴入后的效果如图 6-50 所示。

34. 按 Ctrl+T 键，为贴入的图像添加自由变换框，并将其调整至如图 6-51 所示的形态，然后按 Enter 键，确认图像的变换操作。

图6-50 贴入的图像　　　　　　　　图6-51 调整后的图像形态

35. 用与步骤 30～步骤 34 相同的方法，依次将前面调整的"宝宝调色 02.jpg"和教学辅助资料中"图库\项目六"目录下名为"宝宝 03.jpg"的文件贴入新建文件中，完成儿童相册的设计，效果如图 6-52 所示。

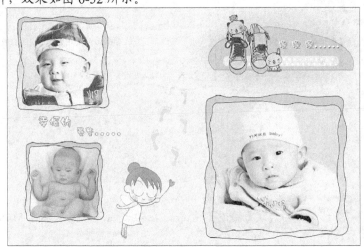

图6-52 设计完成的儿童相册

36. 按 Ctrl+S 组合键，将文件命名为"儿童相册.psd"保存。

任务二　在黑色背景中选取婚纱

选择单色背景中的图像较为简单，但选取背景中透明的婚纱则需要掌握一定技巧。本任务介绍利用通道将黑色背景中的透明婚纱图像抠选出来，然后添加上新的背景。

【步骤图解】

选取婚纱的过程示意图如图 6-53 所示。

图6-53 选取婚纱的过程示意图

【制作思路】

- 打开素材图片后，观察通道，将背景与婚纱对比强烈的通道复制，然后通过颜色调整，将婚纱区域选取。
- 在【图层】面板中依次新建图层，填充蓝色、绿色和红色，将画面中的白色选出。
- 添加背景，调整图层堆叠顺序，然后灵活运用图层蒙版对未选出的图像进行编辑使其显示，即可完成婚纱的选取。

【步骤解析】

1. 按 Ctrl+O 组合键，打开教学辅助资料中"图库\项目六"目录下名为"婚纱照.jpg"的图片，如图 6-54 所示。

2. 打开【通道】面板，依次单击"红"、"绿"、"蓝"通道，查看这 3 个通道的效果，可以看出蓝色通道中的婚纱与背景的对比最为强烈。

3. 将明暗对比较明显的"蓝"通道拖曳到下方的 ▣ 按钮处将其复制，状态及复制出的效果如图 6-55 所示。

图6-54 打开的图片

4. 执行【图像】/【调整】/【亮度/对比度】命令，在弹出的【亮度/对比度】对话框中设置参数如图 6-56 所示。

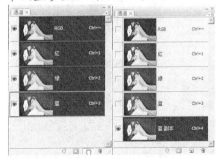

图6-55 复制通道状态及效果

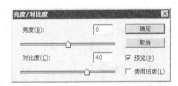

图6-56 【亮度/对比度】对话框

5. 单击 确定 按钮，调整后的图像效果如图 6-57 所示。

6. 单击面板底部 ○ 按钮，载入"蓝 副本"通道的选区形态如图 6-58 所示。

图6-57　调整后的图像效果

图6-58　载入的选区

7.　按 Ctrl+~ 组合键转换到 RGB 通道模式，返回到【图层】面板中新建"图层 1"，将图层混合模式设置为"滤色"，并为"图层 1"填充如图 6-59 所示的蓝色，填充颜色后的效果如图 6-60 所示。

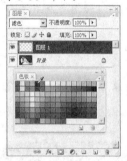

图6-59　选择的蓝色

图6-60　填色后的效果

8.　新建"图层 2"，将图层混合模式设置为"滤色"，并为"图层 2"填充绿色，在【色板】中选择的颜色及填充的图层如图 6-61 所示。

9.　新建"图层 3"，将图层混合模式设置为"滤色"，并为"图层 3"填充红色，在【色板】中选择的颜色及填充的图层如图 6-62 所示。

图6-61　选择的颜色及填充的图层

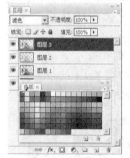

图6-62　选择的颜色及填充的图层

10.　按 Ctrl+D 组合键去除选区，然后按两次 Ctrl+E 组合键，将"图层 3"和"图层 2"向下合并到"图层 1"中，画面效果及【图层】面板如图 6-63 所示。

11.　按 Ctrl+O 组合键，打开教学辅助资料中"图库\项目六"目录下名为"建筑.jpg"的图片，如图 6-64 所示。

12.　将"建筑"图片移动复制到"婚纱照"文件中生成"图层 2"，再按 Ctrl+T 组合键，为其添加自由变换框，并将其调整至如图 6-65 所示的形态，然后按 Enter 键，确认图片的变换操作。

图6-63 画面效果及合并后的图层

图6-64 打开的图片

图6-65 调整后的图片形态

13. 将"图层 2"调整至"图层 1"的下方位置，调整图层堆叠顺序后的效果如图 6-66 所示。

14. 将"背景"层复制生成为"背景 副本"层，并将其图层混合模式设置为"滤色"，然后将其调整至"图层 1"的上方，效果如图 6-67 所示。

图6-66 调整图层堆叠顺序后的效果

图6-67 复制图层后的效果

15. 将"背景"层复制生成为"背景 副本 2"层，并将其调整至"背景 副本"层的上方位置。

16. 在【通道】面板中，按住 Ctrl 键单击"蓝 副本"通道，将该通道中的亮部区域作为选区载入，载入的选区形态如图 6-68 所示。

17. 执行【图层】/【图层蒙版】/【显示选区】命令，将选区外的图像屏蔽，效果如图 6-69 所示。

图6-68 载入的选区

图6-69 添加蒙版后的效果

18. 选择 工具，依次设置合适的笔头大小在未显示出的人物区域绘制白色编辑蒙版，效果如图 6-70 所示。

图6-70 编辑蒙版后的效果及【图层】面板

说明　　在绘制白色编辑蒙版时，注意笔头大小的设置，人物边缘处一定要用小笔头的画笔，以免把背景恢复出来，另外，婚纱区域就不要再绘制白色了，如果再描绘白色，就会把黑色背景恢复出来，婚纱就没有透明效果了。

19. 将"背景 副本"层设置为工作层，然后将【不透明度】参数设置为"50%"，增加婚纱的透明感。

20. 按 Shift+Ctrl+S 键，将文件另命名为"在黑色背景中选取婚纱.psd"保存。

任务三 黑白照片彩色化处理

本任务主要利用快速蒙版、【画笔】工具和【油漆桶】工具，并结合图层的【混合模式】选项对黑白照片进行上色。

【步骤图解】

黑白照片彩色化处理的过程示意图如图 6-71 所示。

① 打开的素材图片

② 在快速蒙版编辑状态下，利用【画笔】工具沿毛衣轮廓绘制颜色，然后利用【油漆桶】工具填充颜色

③ 在标准模式编辑状态下将生成的选区反选，然后为选区填充颜色并设置图层的【混合模式】选项

④ 用相同的方法进行上色，依次对其他部位进行上色，最后为整体画面调色，即可完成黑白照片的上色处理

图6-71 黑白照片彩色化处理的过程示意图

【制作思路】

- 打开素材图片，利用快速蒙版、【画笔】工具和【油漆桶】工具，并结合图层的【混合模式】选项依次对人物的衣服和皮肤上色。
- 然后利用通道将人物的头发选取并上色，再继续利用快速蒙版及图层的【混合模式】选项对人物的嘴唇和眼睛上色。
- 最后利用调整层为整体画面调色，即可完成黑白照片的彩色化处理。

【步骤解析】

1. 按 Ctrl+O 组合键，打开教学辅助资料中 "图库\项目六" 目录下名为 "美女.jpg" 的图片。

2. 执行【图像】/【模式】/【RGB 颜色】命令，对图片的模式进行转换。然后单击 ◻ 按钮，转换到快速蒙版编辑状态，此时 ◻ 按钮显示为 ◻ 状态。

3. 将前景色设置为黑色，然后选择 ✏ 工具，设置合适的笔头大小后沿人物的毛衣边缘绘制颜色，如图 6-72 所示。再利用 ◊ 工具在人物的毛衣上单击，进行颜色填充，效果如图 6-73 所示。

4. 单击 ◻ 按钮，使其还原为 ◻ 状态，即转换到图像的标准模式，此时生成的选区形态如图 6-74 所示。

图6-72　沿毛衣轮廓绘制的颜色　　　　图6-73　填充颜色后的效果　　　　图6-74　生成的选区形态

5. 按 Ctrl+Shift+I 组合键，将选区反选。然后新建 "图层 1"，并为选区填充淡紫色（R:213,G:170,B:207），如图 6-75 所示。

6. 在【图层】面板中，设置 "图层 1" 的【混合模式】选项为 "线性加深"，更改毛衣颜色后的效果如图 6-76 所示。

7. 用与步骤 2～步骤 3 相同的方法，将图像转换到快速蒙版编辑状态下，利用 ✏ 工具和 ◊ 工具绘制并填充颜色。注意填充的颜色要覆盖除人物皮肤之外的所有位置，如图 6-77 所示。

图6-75　填充颜色后的效果　　　　图6-76　更改毛衣颜色后的效果　　　　图6-77　绘制的颜色区域

8. 回到图像的标准模式编辑状态，此时将在人物的皮肤位置生成如图 6-78 所示的选区。

9. 新建 "图层 2"，为选区填充橘红色（R:243,G:91,B:26），将 "图层 2" 的【混合模式】

设置为"柔光"。按 Ctrl + D 组合键去除选区，皮肤上色后的效果如图 6-79 所示。

10. 在快速蒙版编辑状态下，利用 ✏️ 工具和 🖊️ 工具为人物的外套涂抹颜色，如图 6-80 所示。

图6-78 生成的选区   图6-79 皮肤上色后的效果   图6-80 绘制的颜色区域

11. 回到标准模式编辑状态后，按 Ctrl + Shift + I 组合键将选区反选。然后新建"图层 3"，并为选区填充蓝色（R:66,G:137,B:179）。

12. 将"图层 3"的【混合模式】设置为"叠加"，完成人物外套颜色的编辑，效果如图 6-81 所示。

13. 用与步骤 10～步骤 12 相同的方法，对外套的内里进行上色，内里所填充的颜色为黄色（R:255,G:255），【图层】面板及上色后的效果如图 6-82 所示。

 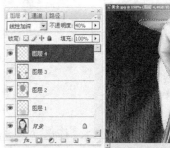

图6-81 外套上色后的效果   图6-82 【图层】面板及上色后的效果

下面利用通道将人物的头发选取后再添加颜色。

14. 在【通道】面板中，将"红"通道复制生成"红 副本"通道。然后按 Ctrl + L 组合键，弹出【色阶】对话框，参数设置如图 6-83 所示。

15. 单击 [确定] 按钮，对复制通道的色阶进行调整，效果如图 6-84 所示。

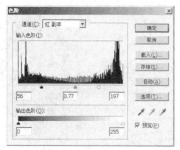 

图6-83 【色阶】对话框   图6-84 调整色阶后的通道画面显示

16. 将前景色设置为白色，然后利用 ✏️ 工具在除人物头发的其他位置绘制白色，如图 6-85 所示。

17. 按 Ctrl+I 组合键，对图像进行反相处理。单击【通道】面板底部的 ○ 按钮，将调整后的通道作为选区载入，如图 6-86 所示。

18. 返回【图层】面板，新建"图层 5"，然后为选区填充蓝灰色（R:10,B:66），并设置图层的【混合模式】选项为"颜色减淡"，去除选区后的效果如图 6-87 所示。

图6-85 绘制白色后的效果

图6-86 载入的选区

图6-87 头发上色后的效果

> 为照片上色后，可以看到在颜色的交接边缘位置都有一些颜色超出了所需要的范围，为了使照片处理得更为精细，读者可以利用 ✎ 工具将多余的颜色擦除。在进行多余颜色的擦除时，要注意随时调整笔头大小与属性栏的【不透明度】参数。图 6-88 所示为照片中要进行擦除修复的位置。

为了使照片中的人物更加漂亮，下面给人物描绘口红和眼影效果。

19. 将"图层 2"设置为当前工作层，单击【图层】面板底部的 ○ 按钮，为其添加图层蒙版。

20. 将前景色设置为黑色，然后选择 ✎ 工具，并选择大小为"20 px"的虚化笔头。在属性栏中设置【不透明度】的参数为"40%"，再移动鼠标光标在人物的嘴唇与眼睛位置涂抹，去除该区域的颜色覆盖，效果如图 6-89 所示。

颜色填充基本完成后，可以利用橡皮擦工具来修整图像轮廓的细节，例如头发边缘、皮肤边缘、衣服边缘及交接位置

图6-88 照片中所要进行擦除修复的位置

图6-89 去除颜色覆盖后的效果

21. 将人物转换到快速蒙版编辑状态，利用 ✎ 工具在人物的嘴唇部位涂抹颜色，如图 6-90 所示。

22. 回到图像的标准编辑状态，将选区反选，然后按 Ctrl+Alt+D 组合键，在弹出的【羽化选区】对话框中将【羽化半径】的值设置为"2 px"，单击 确定 按钮，进行选区的羽化处理。

23. 新建"图层 6"，为羽化后的选区填充红色（R:243,G:36,B:51），效果如图 6-91 所示。然后设置"图层 6"的【混合模式】选项为"柔光"，人物添加口红后的效果如图 6-92 所示。

图6-90 嘴唇位置涂抹颜色后的效果

图6-91 填充的颜色效果

图6-92 添加口红后的效果

24. 选择 🖊 工具，按住 Shift 键，在人物的眼睛位置分别绘制图 6-93 所示的选区。

25. 按 Ctrl+Alt+D 组合键，在弹出的【羽化选区】对话框中将【羽化半径】的值设置为 "6 px"，然后单击 确定 按钮。

26. 新建"图层 7"，为羽化后的选区填充蓝色（R:79,G:65,B:121），并设置"图层 7"的【混合模式】选项为"柔光"，人物添加眼影后的效果如图 6-94 所示。

图6-93 人物眼睛位置添加的选区

图6-94 添加眼影后的效果

下面通过调整层的使用对照片中人物的整体颜色进行调整，此时要注意所添加的调整层将位于所有图层的顶部。

27. 单击【图层】面板底部的 ⬤ 按钮，在弹出的下拉列表中选择【色彩平衡】选项，弹出【色彩平衡】对话框，选项及参数设置如图 6-95 所示。

28. 单击 确定 按钮，对照片的整体颜色进行调整，完成的黑白照片上色最终效果如图 6-96 所示。

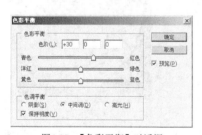
图6-95 【色彩平衡】对话框

图6-96 黑白照片上色后的整体效果

29. 按 Shift+Ctrl+S 组合键，将上色后的照片另命名为"黑白照片上色.jpg"保存。

项目实训

参考本项目范例的操作过程，请读者对下面照片进行处理，包括去除面部黑痣、修复老照片、调整曝光不足和曝光过度的照片以及调整图像色调。

实训一　去除面部黑痣

要求：利用【污点修复画笔】工具去掉照片中人物脸上及脖子处的黑痣。去除前后的效果对比如图 6-97 所示。

图6-97　去除面部黑痣前后的图片效果对比

【步骤解析】

打开教学辅助资料中"图库\项目六"目录下名为"照片 01.jpg"的图片文件，利用 工具在有黑痣的位置单击鼠标光标，系统会自动对其进行修复。

> 利用【污点修复画笔】工具可以快速移去照片中的污点和处理其他不理想的地方，该工具的修复原理是在所要修饰图像位置的周围自动取样，然后将其与所要修复位置的图像融合，得到理想的匹配效果。

实训二　利用【修补】工具去除多余图像

要求：灵活运用【修补】工具将照片中影响美感的多余图像去除，去除前后的对比效果如图 6-98 所示。

图6-98　去除图像前后的对比效果

【步骤解析】

1. 打开教学辅助资料中"图库\项目六"目录下名为"照片 02.jpg"的图片，然后利用 工具将照片中有白色指示牌的位置局部放大显示，以便更加精确地查看和修复图像。
2. 利用 工具根据白色指示牌区域绘制出如图 6-99 所示的选区。
3. 选择 工具，确认属性栏中点选的【源】单选项，将鼠标光标移动到选区内，按住鼠标左键并向右拖曳，状态如图 6-100 所示。
4. 至合适位置后释放鼠标左键，即可用右方的图像替换选区内的图像，按 Ctrl + D 组合键取消选区，白色指示牌去除后的效果如图 6-101 所示。

图6-99　绘制的选区

图6-100　拖曳鼠标状态

图6-101　去除多余图像后的效果

实训三　利用【仿制图章】工具去除多余人物

要求：灵活运用【仿制图章】工具将照片中多余的人物去除，去除前后的对比效果如图 6-102 所示。

图6-102　去除多余人物前后的对比效果

【步骤解析】

1. 打开教学辅助资料中 "图库\项目六" 目录下名为 "照片 03.jpg" 的图片文件，然后利用 🔍 工具将有多余人物的区域放大显示。

2. 选择 🔖 工具，在属性栏中设置【主直径】为 "30 px"、【硬度】为 "0%" 的笔头，然后按住 Alt 键，将鼠标光标移动到如图 6-103 所示的位置单击取样。

3. 将鼠标光标移动到左边一棵树的中间位置按下鼠标左键并拖曳，即可将单击处的图像复制到鼠标光标拖曳处，状态如图 6-104 所示。

4. 依次拖曳鼠标光标，复制出如图 6-105 所示的效果。

图6-103　鼠标光标单击的位置

图6-104　拖曳鼠标复制图像状态

图6-105　复制出的效果

5. 按住 Alt 键，将鼠标光标移动到如图 6-106 所示的位置单击重新取样，然后在左侧人物的上半身位置拖曳，将该处复制为树叶。

6. 用步骤 2～步骤 4 相同的方法，依次在不同的位置取样并对图像进行修复，即可将多余的人物去除，效果如图 6-107 所示。

图6-106　重新取样的位置

图6-107　去除人物后的效果

实训四　修复照片中人物的闭眼效果

要求：灵活运用各种工具将照片中人物的闭眼效果修复，修复前后的对比效果如图 6-108 所示。

图6-108　修复闭眼效果

修复闭眼效果的原理是通过复制闭眼人物在其他场景中的照片，然后经过处理，达到满意的效果。所以在修复闭眼效果的照片时，必须有一张照片中的人物与该照片中的人物相同，且拍照角度相似，即都为正面拍摄。

【步骤解析】

1. 打开教学辅助资料中"图库\项目六"目录下名为"照片 04.jpg"和"照片 05.jpg"的图片文件，如图 6-109 所示。

2. 将"人物 05.jpg"文件设置为工作状态，然后利用 🔍 工具将要选择的眼睛区域放大显示，并利用 🖌 工具选择其中的一个眼睛，如图 6-110 所示。

3. 执行【选择】/【修改】/【羽化】命令，在弹出的【羽化选区】对话框中将【羽化半径】

图6-109　打开的图片

的参数设置为"5 像素"，然后单击 ▢确定▢ 按钮。

4. 将选择的眼睛图像移动复制到"人物 04.jpg"文件中，然后将生成的"图层 1"的【不透明度】参数设置为"70%"，以利于观察下方的图像。

5. 利用【编辑】/【自由变换】命令，将眼睛图像调整合适的大小后放置到如图 6-111 所示的位置。

图6-110 绘制的选区

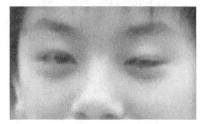

图6-111 图像放置的位置

6. 将"图层 1"的【不透明度】参数设置为"100%"，让其覆盖下方的闭眼图像。

7. 执行【图像】/【调整】/【色阶】命令，在弹出的【色阶】对话框中设置参数如图 6-112 所示。

8. 单击 ▢确定▢ 按钮，调整后的效果如图 6-113 所示。

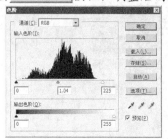

图6-112 【色阶】对话框

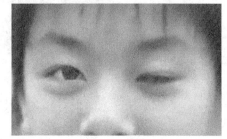

图6-113 调整后的效果

9. 用相同的方法，将另一只眼睛修复，效果如图 6-114 所示。

下面利用 ▱ 工具对眼部周围生硬的边缘进行擦除，使其更好地与下方图像融合。

10. 选择 ▱ 工具，将【画笔】的笔头大小设置为"9 px"，【硬度】设置为"0%"，【不透明度】参数设置为"50%"，然后将鼠标光标移动到眼部的边缘拖曳以擦除图像，效果如图 6-115 所示，至此闭眼效果修复完成。

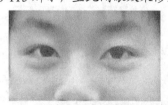

图6-114 修复后的眼睛效果

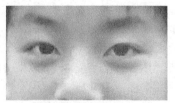

图6-115 擦除后的效果

 项目小结

本项目主要学习了几种典型的数码照片后期处理方法，包括利用图层的【混合模式】选项及【图像】/【调整】命令调整图像的色调、利用各种修复工具修复图像中的缺陷以及利用通道在黑色背景中选取婚纱和黑白照片彩色化处理的方法。通过本项目的学习，希望读者能将各种图像修复工具及色彩调整命令熟练掌握，并能在实际工作过程中灵活运用。

 ## 思考与练习

1.　首先利用【修复画笔】工具和【修补】工具将教学辅助资料中"图库\项目六"目录下名为"人物 01.jpg"的图片中多余的头发去除，原图片及去除后的效果如图 6-116 所示。然后利用通道将教学辅助资料中"图库\项目六"目录下名为"人物 02.jpg"的图片的背景去除，并利用【污点修复画笔】工具去除人物脸部的黑痣，原图片及去除后的效果如图 6-117 所示。最后将各素材图片合成，制作如图 6-118 所示的艺术效果。

图6-116　原图片及去除头发后的效果

图6-117　原图片及去除背景后的效果

图6-118　图像合成后的效果

2.　对于老照片放的时间久了，画纸就会发黄，灵活运用【图像】/【调整】命令及【滤镜】菜单下的【蒙尘与划痕】命令使其焕然一新，效果对比如图 6-119 所示。

图6-119　翻新老照片效果对比

　　随着网络的不断发展，网络广告的传播范围也越来越广泛，与报纸、电视以及其他媒体广告相比，广告宣传的优越性更强。它通过因特网把广告信息全天候、不间断地传播到世界各地，网民可以在世界任何地方登录因特网随时随意浏览广告信息。这些传播效果，传统的广告媒体是无法达到的。

　　本项目将设计一幅网络广告，设计完成的效果如图 7-1 所示。

图7-1　设计完成的网络广告

学习目标

了解网络广告的设计方法。
掌握利用【渐变】工具制作立体效果及反光效果的方法。
了解图层的复制与合并的方法。
掌握文字的变形操作。
熟悉制作沿路径排列文字的方法。
掌握利用【图层样式】命令制作按钮的方法。

任务一 绘制喇叭

本任务主要利用【钢笔】工具和【转换点】工具，并结合【渐变】工具来绘制喇叭图形。在绘制过程中，注意利用【渐变】工具制作高光的方法。

喇叭图形的绘制过程示意图如图 7-2 所示。

① 利用【钢笔】和【转换点】工具
绘制路径，转换为选区后填充黑色

② 依次绘制路径，转换为选区后
利用【渐变】工具填充渐变色

③ 绘制其他细部图形，并利用【渐变】工
具制作高光效果，即可完成喇叭的绘制

图7-2 喇叭图形的绘制过程示意图

【设计思路】

这是一个仿照留声机绘制的喇叭，像一朵盛开的牵牛花，曲线造型流畅，具有很强的音乐美感。

【步骤解析】

1. 新建一个【宽度】为"8 厘米"、【高度】为"8.5 厘米"、【分辨率】为"150 像素/英寸"、【颜色模式】为"RGB 颜色"、【背景内容】为"白色"的文件。

2. 利用 ◇ 工具和 ⌐ 工具，在图像窗口中绘制并调整出图 7-3 所示的喇叭形状路径。

3. 新建"图层 1"，按 Ctrl+Enter 组合键，将路径转换为选区，然后为其填充黑色，再按 Ctrl+D 组合键去除选区。

4. 利用 ◇ 工具和 ⌐ 工具，绘制并调整出图 7-4 所示的路径，然后按 Ctrl+Enter 组合键，将路径转换为选区。

图7-3 绘制的路径

图7-4 绘制的路径

5. 新建"图层 2"，然后选择 ▭ 工具，单击属性栏中 ▭▾ 的颜色条部分，在弹出的【渐变编辑器】对话框中设置渐变色，如图 7-5 所示。

6. 激活属性栏中的 ▭ 按钮，在选区的左下方按住鼠标左键向右上方拖曳鼠标光标填充渐变色，效果如图 7-6 所示，然后按 Ctrl+D 组合键去除选区。

图7-5 【渐变编辑器】对话框参数设置

图7-6 填充渐变色后的效果

7.　用与步骤 4～步骤 6 相同的方法，根据喇叭图形的结构形状，依次绘制路径后为其填充渐变色，效果如图 7-7 所示。

8.　利用  工具和 工具，在画面中绘制并调整出图 7-8 所示的路径，然后按 $\boxed{\text{Ctrl}}$+$\boxed{\text{Enter}}$ 组合键，将路径转换为选区。

图7-7　绘制出的结构图形　　　　　　　　　　　　　　　图7-8　绘制出的路径

9.　新建"图层 3"，然后选择 工具，在【渐变编辑器】对话框中设置如图 7-9 所示的渐变色。

10.　由选区的左下方按住鼠标左键向右上方拖曳鼠标光标，填充渐变色，效果如图 7-10 所示，然后按 $\boxed{\text{Ctrl}}$+$\boxed{\text{D}}$ 组合键去除选区。

图7-9　【渐变编辑器】对话框参数设置　　　　　　　　图7-10　填充渐变色后的效果

11.　用与步骤 8～步骤 10 相同的方法，在画面中绘制如图 7-11 所示的结构图形，然后按 $\boxed{\text{Ctrl}}$+$\boxed{\text{D}}$ 组合键去除选区。

12.　利用 工具和 工具，依次在新建的"图层 5"和"图层 6"中绘制并调整出图 7-12 所示的白色和深黄色（R:235,G:200,B:65）图形。

图7-11　绘制出的结构图形　　　　　　　　　　　　　　图7-12　绘制的图形

13.　将"图层 4"设置为当前层，然后选择 工具，设置属性栏中各选项及参数如图 7-13 所示。

图7-13　【加深】工具的属性栏

14.　将鼠标光标移动到深黄色图形的下方，按住鼠标左键并拖曳，涂抹出图形的阴影区域，效果如图 7-14 所示。

15. 新建"图层 7",然后利用  工具和 工具,绘制并调整如图 7-15 所示的深黄色 （R:220,G:170,B:16）图形。

图7-14 涂抹出的阴影区域

图7-15 绘制的图形

16. 将"图层 7"复制生成为"图层 7 副本"层,并将"图层 7"设置为当前层,再单击 【图层】面板上方的 按钮锁定其透明像素,然后为其填充黑色,并将其向左下方轻 微移动位置,制作出图形的投影效果,如图 7-16 所示。

17. 利用 工具和 工具,绘制并调整出如图 7-17 所示的路径,然后按 Ctrl+Enter 组合 键,将路径转换为选区。

图7-16 制作出的投影效果

图7-17 绘制出的路径

18. 新建"图层 7",将前景色设置为白色,然后选择 工具,并在【渐变编辑器】对话框 中选择"前景到透明"的渐变样式。

19. 在选区中,按住鼠标左键由右上方至左下方拖曳鼠标光标,填充渐变色,效果如图 7-18 所示。然后按 Ctrl+D 组合键去除选区。

20. 用与步骤 17～步骤 19 相同的方法,绘制路径后转换为选区,并填充渐变色,制作如图 7-19 所示的反光区域,完成喇叭图形的绘制。

图7-18 填充渐变色后的效果

图7-19 制作出的反光区域

21. 按 Ctrl+S 组合键,将此文件命名为"喇叭.psd"保存。

任务二 设计背景

本任务主要运用【渐变】工具、【钢笔】工具、【转换点】工具及【图层样式】命令、 【滤镜】/【模糊】命令和移动复制操作,来制作网络广告的背景。

网络广告背景的制作过程示意图如图 7-20 所示。

① 新建文件后填充渐变色，然后利用【钢笔】和【转换点】工具及描绘功能绘制线形并依次复制

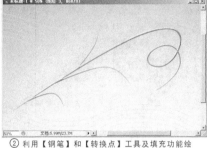

② 利用【钢笔】和【转换点】工具及填充功能绘制 "草" 图形，然后为其添加外发光和浮雕效果

③ 添加喇叭及礼品图形，然后绘制星形并依次复制

④ 利用【画笔】工具及【模糊】滤镜命令和【外发光】图层样式制作星光效果，完成背景的制作

图7-20 背景的制作过程示意图

【设计思路】

该例是设计网络广告的背景，颜色基调采用黄绿色，温馨淡雅。背景中绘制了几排曲线和一些若隐若现的小星星图形，主要是为了渲染网络能带给人们的音乐感受。把喇叭和活动礼品放置在网页画面的左下角，起到稳定画面的作用。

【步骤解析】

1. 新建一个【宽度】为 "30 厘米"、【高度】为 "20 厘米"、【分辨率】为 "150 像素/英寸"、【颜色模式】为 "RGB 颜色"、【背景内容】为 "白色" 的文件。

2. 选择▢工具，并激活属性栏中的▢按钮，然后在【渐变编辑器】对话框中，设置如图 7-21 所示的渐变色。

3. 按住 Shift 键，由图像窗口的下方中间位置按住鼠标左键向上拖曳鼠标光标，填充渐变色，效果如图 7-22 所示。

图7-21 【渐变编辑器】对话框

图7-22 填充渐变色后的效果

4. 新建 "图层 1"，然后将前景色设置为淡黄色（R:255,G:254,B:242）。

5. 选择▢工具，在【渐变编辑器】对话框中选择 "前景到透明" 的渐变样式，然后由图像窗口的下方中间位置向上拖曳鼠标光标，填充渐变色。

6. 将"图层 1"的【不透明度】参数设置为"76%"，降低图层不透明度后的效果如图 7-23 所示。

7. 利用 ![钢笔工具图标]工具和 ![转换点工具图标]工具，绘制并调整出图 7-24 所示的曲线路径。

图7-23 降低图层不透明度后的效果

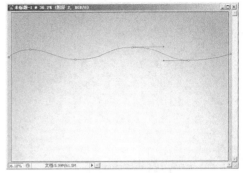
图7-24 绘制的路径

8. 选择 ![画笔工具图标]按钮，然后单击属性栏中【画笔】选项右侧的 ![下拉按钮]按钮，在弹出的【画笔笔头】面板中设置参数如图 7-25 所示。

9. 新建"图层 2"，然后将前景色设置为黄色（R:243,G:250,B:15）。

10. 单击【路径】面板底部的 ![描边路径按钮]按钮，描绘路径，然后将路径隐藏，描绘路径后的效果如图 7-26 所示。

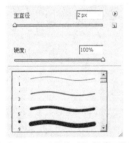
图7-25 【画笔笔头】设置面板

图7-26 描绘路径后的效果

11. 将"图层 2"复制生成"图层 2 副本"层，然后将复制出的线形向下移动至图 7-27 所示的位置。

12. 用与步骤 11 相同的方法，依次复制图层，并调整复制出的线形的位置，然后将复制线形生成的所有图层合并为"图层 2"，如图 7-28 所示。

图7-27 复制出的线形放置的位置

图7-28 复制出的线形

13. 将"图层 2"依次复制生成为"图层 2 副本"和"图层 2 副本 2"层，然后将复制出的线形分别调整至图 7-29 所示的位置。

14. 利用 ⬙ 工具和 ⬈ 工具，绘制并调整出图 7-30 所示的路径，然后按 Ctrl+Enter 组合键，将路径转换为选区。

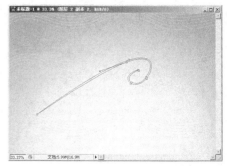

图7-29　图形放置的位置　　　　　　　　　　图7-30　绘制的路径

15. 新建"图层 3"，为选区填充白色后再去除选区，然后利用 ⬙ 工具和 ⬈ 工具，绘制并调整出图 7-31 所示的路径。

16. 按 Ctrl+Enter 组合键，将路径转换为选区，并为选区填充白色，然后去除选区。

17. 用与步骤 14~步骤 16 相同的方法，利用 ⬙ 和 ⬈ 工具依次绘制如图 7-32 所示的白色图形。

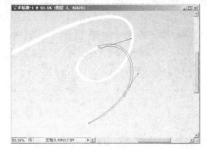

图7-31　绘制的路径　　　　　　　　　　　　图7-32　绘制出的图形

18. 选择 ▦ 工具，激活属性栏中的 ▤ 按钮，然后在【渐变编辑器】对话框中设置如图 7-33 所示的渐变色。

19. 单击【图层】面板上方的 ▣ 按钮，锁定"图层 3"中的透明像素，然后由左至右为"图层 3"中的图形填充线性渐变色，效果如图 7-34 所示。

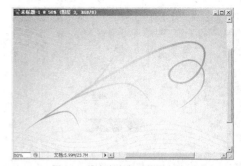

图7-33　【渐变编辑器】对话框参数设置　　　图7-34　填充渐变色后的图形效果

20. 执行【图层】/【图层样式】/【外发光】命令，弹出【图层样式】对话框，设置各选项及参数如图 7-35 所示。

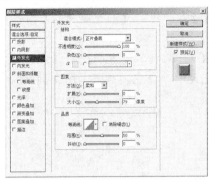 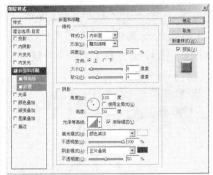

图7-35 【图层样式】对话框参数设置

21. 单击 <u>确定</u> 按钮,添加图层样式后的效果如图 7-36 所示。

22. 将"图层 3"中的图形调整至合适的大小,移动至图 7-37 所示的位置。

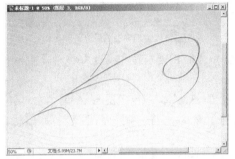 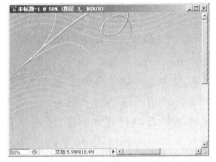

图7-36 添加图层样式后的图形效果　　　　　　　图7-37 图形放置的位置

23. 将"喇叭.psd"文件打开,在【图层】面板中将"背景层"隐藏,然后按 Ctrl+Shift+E 组合键合并所有可见图层。

24. 将合并后的图形移动复制到新建文件中,并将其调整至合适的大小,放置到画面的左下角位置。

25. 按 Ctrl+O 组合键,将教学辅助资料中"图库\项目七"目录下名为"礼品盒.psd"的图片打开,然后将其移动到新建文件中,调整至合适的大小,放置到图 7-38 所示的位置。

26. 新建"图层 6",利用 工具绘制如图 7-39 所示的浅褐色(R:182,G:132,B:33)星形,然后按 Ctrl+D 组合键去除选区。

图7-38 移动复制入的喇叭和礼品盒　　　　　　　图7-39 绘制的星形

27. 将"图层 6"复制生成为"图层 6 副本",然后将复制出的星形向左上角轻微移动一下位置。

151

28. 选择 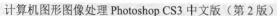 工具，激活属性栏中的 按钮，然后在弹出的【渐变编辑器】对话框中，设置如图 7-40 所示的渐变色。

29. 单击【图层】面板上方的 按钮，锁定"图层 6 副本"中的透明像素，然后在星形图形的中间位置向下拖曳鼠标光标，为其填充径向渐变色，效果如图 7-41 所示。

图7-40 【渐变编辑器】对话框参数设置

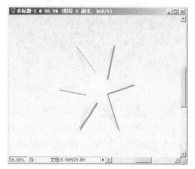

图7-41 填充渐变色后的图形效果

30. 按 Ctrl+E 组合键，将"图层 6 副本"向下合并为"图层 6"，然后用移动复制和缩放图形的方法，依次复制出图 7-42 所示的星形。

31. 分别将"图层 3"和"图层 6"复制生成为"图层 3 副本"和"图层 6 副本"，再将其同时选择后执行【编辑】/【变换】/【水平翻转】命令，将复制出的图形水平翻转，然后将其移动至图 7-43 所示的位置。

图7-42 复制出的星形

图7-43 复制出的图形放置的位置

32. 选择 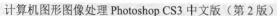 工具，按 F5 键调出【画笔】面板，设置各项参数如图 7-44 所示。

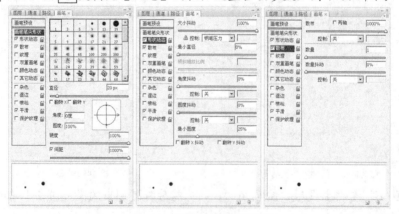

图7-44 【画笔】面板参数设置

33. 新建"图层 7",并将前景色设置为白色。然后在画面中拖曳鼠标光标,绘制如图 7-45 所示的白色圆形。

34. 执行【滤镜】/【模糊】/【动感模糊】命令,弹出【动感模糊】对话框,设置各选项及参数如图 7-46 所示,然后单击 <u>确定</u> 按钮。

图7-45 绘制出的图形

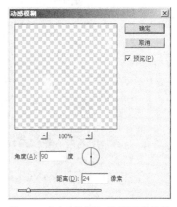

图7-46 【动感模糊】对话框参数设置

35. 将"图层 7"复制生成为"图层 7 副本",然后执行【滤镜】/【模糊】/【高斯模糊】命令,弹出【高斯模糊】对话框,将【半径】值设置为"10 px",然后单击 <u>确定</u> 按钮。

36. 执行【图层】/【图层样式】/【外发光】命令,弹出【图层样式】对话框,设置各选项及参数如图 7-47 所示。

37. 单击 <u>确定</u> 按钮,添加图层样式后的图形效果如图 7-48 所示。

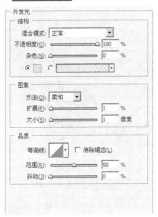

图7-47 【图层样式】对话框参数设置

图7-48 添加图层样式后的图形效果

任务三 制作标题文字

本任务主要利用【文字】工具,并结合【编辑】/【自由变换】命令和沿路径输入文字的方法,为网络广告制作标题文字。

标题文字的制作过程示意图如图 7-49 所示。

① 输入文字后执行【自由变换】命令，然后
利用属性栏中的 ⬚ 按钮对文字进行变形

② 绘制飘带图形，然后利用【文字】工具、【自
由变换】命令和【描边】命令制作变形文字

③ 依次添加选区并填充颜色,制作文字的立体及阴影效果

④ 绘制图形，制作沿路径排列的文字，然后输入
文字并进行倾斜，即可完成标题文字的制作

图7-49　标题文字的制作过程示意图

【设计思路】

"点击 500 万，惊喜 5 重奏"，文字结构组合巧妙、形态优美，具有很强的律动感，用色对比中又不失协调和稳定，立体效果使字在画面中更加突出，给人留下深刻的印象。

【步骤解析】

1. 接上例。利用 T 工具输入图 7-50 所示的洋红色（R:220,G:18,B:123）文字。

2. 执行【图层】/【栅格化】/【文字】命令，将文字层转换为普通层，然后按 Ctrl+T 组合键，为其添加自由变换框。

3. 单击属性栏中的 ⬚ 按钮，将自由变换框转换为变形框，然后通过调整变形框 4 个角上的调节点，将文字调整至图 7-51 所示的形态。

图7-50　输入的文字

图7-51　调整后的文字形态

4. 单击属性栏中的 ✔ 按钮，确认文字的变形操作，然后利用 ⬚ 和 ⬚ 工具，绘制并调整出图 7-52 所示的洋红色（R:220,G:18,B:123）飘带图形。

5. 利用 T 工具，在画面中输入图 7-53 所示的白色文字。

图7-52　绘制出的飘带图形

图7-53　输入的文字

6. 用与步骤 2~步骤 4 相同的方法，将白色文字调整至图 7-54 所示的形态。

7. 利用 ✎ 工具和 ◗ 工具，绘制并调整出图 7-55 所示的路径，然后按 [Ctrl]+[Enter] 组合键，将路径转换为选区。

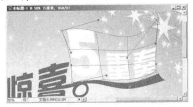
图7-54 调整后的文字形态

图7-55 绘制的路径

8. 将前景色设置为橘红色（R:233,G:128,B:21），背景色设置为黄色（R:255,G:224,B:85），然后单击【图层】面板上方的 ▨ 按钮，锁定"5 重奏"层的透明像素，再利用 ▦ 工具为选区自上向下填充"前景到背景"的线性渐变色。

9. 按 [Shift]+[Ctrl]+[I] 组合键将选区反选，然后将前景色设置为橘黄色（R:246,G:199），背景色设置为黄色（R:252,G:240），利用 ▦ 工具为选区由上至下填充"前景到背景"的线性渐变色，效果如图 7-56 所示，再按 [Ctrl]+[D] 组合键去除选区。

10. 按 [Ctrl]+[E] 组合键，将"5 重奏"层向下合并为"惊喜"层，然后执行【图层】/【图层样式】/【描边】命令，在弹出的【图层样式】对话框中将【大小】的参数设置为"12像素"，【颜色】选项设置为白色，描边后的文字效果如图 7-57 所示。

图7-56 填充渐变色后的效果

图7-57 描边后的文字效果

11. 按住 [Ctrl] 键，单击"惊喜"层左侧的图层缩略图，将其作为选区载入，再执行【选择】/【修改】/【扩展】命令，在弹出的【扩展选区】对话框中将【扩展量】的参数设置为"20 像素"，然后单击 确定 按钮。

12. 新建"图层 8"，并将其调整至"惊喜"层的下方，然后将前景色设置为橘黄色（R:239,G:154,B:133）。

13. 按 [Alt]+[Delete] 组合键，为选区填充前景色，效果如图 7-58 所示，再 [Ctrl]+[D] 组合键去除选区。

14. 将"图层 8"复制生成为"图层 8 副本"层。将"图层 8"设置为当前层，锁定透明像素后为其填充深红色（R:187,G:40,B:33），然后将其向下移动至图 7-59 所示的位置。

图7-58 填充颜色后的效果

图7-59 图形放置的位置

15. 用与步骤 2～步骤 4 相同的方法，制作如图 7-60 所示的变形文字。

16. 执行【图层】/【图层样式】/【描边】命令，在弹出的【图层样式】对话框中将【大小】选项的参数设置为 "15 px"，【颜色】选项设置为橘黄色（R:246,G:163,B:26），描边后的文字效果如图 7-61 所示。

图7-60　制作的变形文字　　　　　　　　　　图7-61　描边后的文字效果

17. 按住 Ctrl 键，单击 "点击 500 万" 层左侧的图层缩略图，将其作为选区载入，再执行【选择】/【修改】/【扩展】命令，在弹出的【扩展选区】对话框中将【扩展量】的参数设置为 "10 像素"，然后单击 确定 按钮。

18. 新建 "图层 9"，并将其调整至 "点击 500 万" 层的下方，将选区向右下角轻微移动位置后填充深红色（R:187,G:40,B:33），效果如图 7-62 所示。

19. 按住 Shift+Ctrl 组合键，单击 "图层 8" 左侧的图层缩略图，将其选区添加到当前选区中，如图 7-63 所示。

20. 执行【选择】/【修改】/【扩展】命令，在弹出的【扩展选区】对话框中将【扩展量】的参数设置为 "20 像素"，然后单击 确定 按钮。

21. 新建 "图层 10"，并将其调整至 "图层 8" 的下方，再为其填充橘黄色（R:247,G:148,B:29），效果如图 7-64 所示，然后按 Ctrl+D 组合键去除选区。

图7-62　填充颜色后的效果　　　　　　　　　　图7-63　载入的选区

22. 在 "惊喜" 层的上方新建 "图层 11"，再利用 工具和 工具，绘制并调整出图 7-65 所示的图形，其填充色为由浅橘红色（R:229,G:120,B:24）至灰紫色（R:112,G:71,B:112）的线性渐变色，然后按 Ctrl+D 组合键去除选区。

图7-64　填充颜色后的效果　　　　　　　　　　图7-65　绘制的图形

23. 在【路径】面板中选择步骤 22 中绘制的路径，将其显示在图像窗口中，然后利用 T 工具沿路径输入图 7-66 所示的文字。

24. 利用 T 工具和【编辑】/【自由变换】命令，制作如图 7-67 所示的红色（R:255）文字，完成标题文字的制作。

图7-66 沿路径输入的文字

图7-67 输入的文字

任务四 制作按钮

本任务主要运用【图层样式】命令制作按钮，然后添加音乐符号，并绘制标志图形，完成网络广告的制作。

制作按钮及整体网络广告设计的过程示意图如图 7-68 所示。

图7-68 制作按钮及整体网络广告设计的过程示意图

【设计思路】

由于这是一个网络广告的主页设计，所以按钮在画面中是必不可少的内容。按钮采用了传统圆形按钮，颜色搭配漂亮，立体效果突出明显，非常适合人们的使用习惯。

【步骤解析】

1. 接上例。新建"图层 12"，利用 工具绘制白色的圆形。
2. 执行【图层】/【图层样式】/【内阴影】命令，弹出【图层样式】对话框，设置其他选项及参数如图 7-69 所示。
3. 单击 确定 按钮，添加图层样式后的图形效果如图 7-70 所示。
4. 选择 T 工具，在画面中依次输入图 7-71 所示的文字。

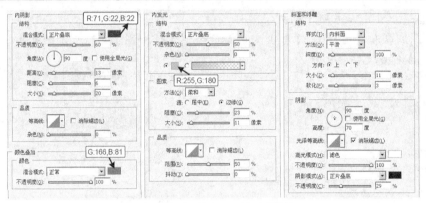

图7-69　【图层样式】对话框参数设置

图7-70　添加图层样式后的图形效果

图7-71　输入的文字

5. 将"信使宽带"文字层设置为当前层，然后执行【图层】/【图层样式】/【渐变叠加】命令，弹出【图层样式】对话框，设置各选项及参数如图 7-72 所示。

6. 单击 确定 按钮，添加图层样式后的文字效果如图 7-73 所示。

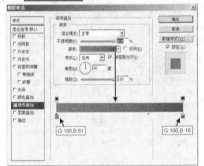

图7-72　【图层样式】对话框参数设置

图7-73　添加图层样式后的文字效果

7. 将圆形按钮所在的图层和其下的文字层全部选择，然后用移动复制图形的方法，在画面中依次复制出图 7-74 所示的圆形按钮和文字。

8. 利用 T 工具将复制出的文字依次进行修改，修改后的效果如图 7-75 所示。

图7-74　复制出的圆形按钮及文字

图7-75　修改后的文字

9. 双击"图层 12 副本"层中的"颜色叠加"样式层，在弹出的【图层样式】对话框中将颜色修改为深黄色（R:255,G:192），然后单击 确定 按钮，修改图层样式后的图形效果如图 7-76 所示。

10. 用与步骤 9 相同的方法，依次将圆形按钮和文字的图层样式进行修改，修改后的效果如图 7-77 所示。读者也可自行设置不同的颜色参数。

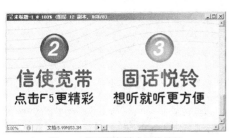

图7-76 修改渐变样式后的效果

图7-77 修改图层样式后的效果

11. 选择 工具，激活属性栏中的 按钮，然后单击 按钮，在弹出的【形状】选项面板中单击右上角的 按钮，再在弹出的下拉列表中选择"音乐"选项。

12. 在弹出的【Adobe Photoshop】提示对话框中单击 追加(A) 按钮，将音乐符号添加到【形状】选项面板中。

13. 新建"图层 13"，并将前景色设置为白色，然后在【形状】选项面板中选择不同的音乐符号，依次在画面中绘制如图 7-78 所示的白色音乐符号。

14. 利用 工具、 工具、 工具、 工具和 T 工具，在画面的左上角绘制标志图形，并输入相应的文字。完成的网络广告设计整体效果如图 7-79 所示。

图7-78 绘制出的音乐符号

图7-79 设计完成的网络广告

15. 按 Ctrl+S 组合键，将此文件命名为"网络广告.psd"保存。

项目实训

参考本项目范例的操作过程，请读者设计出下面的网页广告和网站主页。

实训一 设计网页广告

要求：综合运用【钢笔】工具、【转换点】工具、【文本】工具及【图层样式】命令，并结合本项目设计网络广告的方法，设计如图 7-80 所示的网页广告。

图7-80　设计完成的网页广告

【设计思路】

这是一个娱乐性质的网页主页，颜色采用了金黄色和黄绿色相搭配，加上画面中的红色、蓝色和紫色的搭配，颜色丰富漂亮。艺术化处理的人物造型具有很强的视觉冲击力，能给人留下深刻的印象，画面中文字的排列整齐且主次分明。

【步骤解析】

1.　卡通图形的绘制过程示意图如图 7-81 所示。

①利用【多边形】工具绘制红色的9角星图形，然后利用【图层样式】命令添加上投影效果

②利用【椭圆选框】工具、【渐变】工具以及【描边】命令绘制黄色的圆形图形

③利用【椭圆选框】工具、【渐变】工具、【描边】命令以及复制操作，绘制出卡通的眼睛和嘴图形

④利用【椭圆选框】工具、【渐变】工具以及复制操作，绘制圆形图形

图7-81　卡通图形的绘制过程示意图

2.　网点效果的制作过程示意图如图 7-82 所示。

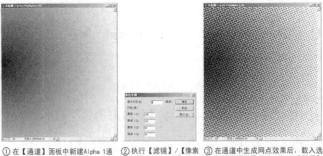

①在【通道】面板中新建Alpha 1通道，利用【渐变】工具填充渐变色

②执行【滤镜】/【像素化】/【彩色半调】命令

③在通道中生成网点效果后，载入选区然后把选区反选，打开【图层】面板新建图层，填充颜色即可作为底纹使用

图7-82　网点效果的制作过程示意图

3. 将制作的网点图形移动复制到新建的文件中，然后利用【钢笔】工具和【转换点】工具绘制图形。

4. 将教学辅助资料中"图库\项目七"目录下名为"卡通人物.jpg"的图片置入绘制的选区中，然后将绘制的卡通图形移动复制到新建的文件中。

5. 依次制作按钮，并输入相关文字，即可完成网页广告的设计。

实训二 设计网站主页

要求：综合运用各种工具按钮及菜单命令来设计如图 7-83 所示的网站主页。

图7-83 设计的网站主页

【设计思路】

该网页采用了灰色，给人雅致神秘的感觉，主页中放置了随机活动的彩色气球，可以起到与画面灰色相对比的画龙点睛作用，版面构成主次得当，块面分割合理有序。

【步骤解析】

1. 新建一个【宽度】为"1000 px"、【高度】为"1181 px"、【分辨率】为"150 像素/英寸"、【颜色模式】为"RGB 颜色"、【背景内容】为"白色"的文件。

2. 灵活运用各种工具按钮及菜单命令进行网站设计，在进行图像合成时，灵活运用了【图像】/【编辑】/【去色】命令、【亮度/对比度】命令和【黑白】命令。另外，要注意利用图层蒙版制作图像倒影效果的方法，以及【图层样式】命令的灵活运用。

本实训中没有特别难的操作，相信读者可以自己动手设计出来，有搞不清的地方可以参见作品。

【视野拓展】——网页设计标准尺寸

很多设计师在进行网站设计时，都有这样地迷茫：网页界面的宽度应该设为多少像素才合适？太宽就会出现水平滚动条。下面就来简单地介绍一下。

网页设计标准尺寸：

（1）页面标准按 800×600 分辨率制作，尺寸宽为 760～780 px；

（2）页面标准按 1024×768 以及以上分辨率制作，尺寸宽为 980～1004 px，如果满屏显示的话，高度为 612～615 px，这样也不会出现垂直滚动条。

注意考虑 800×600 分辨率制作的网页，要设定外层布局表格居中，以确保在 1024×768 分辨率显示下居中，页面长度原则上不超过 3 屏。

项目小结

本项目主要学习了网络广告设计。通过本项目的学习，希望读者能对网络广告的平面设计手法与一般媒体广告设计手法的不同有所了解。读者在上网浏览各公司网站主页的时候，要学会吸取其设计精髓，以提高自己的设计能力。

思考与练习

1. 利用【路径】工具、【转换点】工具、【文字】工具、【自定形状】工具，并结合【图层样式】命令、【对齐和分布】命令及移动复制操作，设计如图 7-84 所示的网页广告。

2. 灵活运用文字工具设计出如图 7-85 所示的网页广告。

图7-84 设计完成的网页广告　　　　　　　　　　　图7-85 设计的网页广告

店面装潢设计

　　店面就像一个人的外表，店面外在冲击力的强弱直接影响着消费者的注意力。好的店面能给人留下深刻的印象，从而能吸引更多的消费者走进商店，因此，对于商家而言，店面的装潢设计是商店开始营业前非常重要的内容。

　　本项目将设计门面广告，包括茶叶店门面装潢设计及摄影店门面装潢设计。设计完成的效果如图 8-1 所示。

图8-1　设计完成的门面广告

学习目标

了解门面装潢设计的方法。

熟悉利用通道及【滤镜】命令制作热气效果的方法。

熟悉利用图层蒙版制作渐隐效果的方法。

熟悉效果层和调整层的运用。

掌握利用路径的描绘功能制作霓虹灯效果的方法。

任务一 茶叶店门面装潢设计

本任务将设计茶叶店的门面装潢效果。在设计过程中，读者要注意利用通道和【滤镜】命令制作热气效果的方法。

【步骤图解】

茶叶店门面装潢效果的设计过程示意图如图 8-2 所示。

① 利用【多边形套索】工具、【文字】工具及【直线】工具制作标志图形

④ 综合运用各种选区工具、【文字】工具及图层蒙版和【图层样式】命令制作茶叶店的门头画面

② 利用【贴入】命令、【图层样式】命令及制作沿路径排列文字的方法制作标贴图形

⑤ 利用【自由变换】命令制作实景效果

③ 利用通道结合各种【滤镜】命令制作热气效果

图8-2 茶叶店门面装潢效果的设计过程示意图

【设计思路】

这是一个茶叶店的门面广告画面设计，画面采用金黄色，突出了"帝王"的尊贵和茶叶的品质上乘之意。门面名称文字显著、大方且与背景颜色协调一致。1 把茶壶，3 个茶碗，并冒着热腾腾的热气，给人一种看图能闻茶香的诱惑感。

（一） 标志与标贴设计

首先来绘制标志和标贴图形。

【步骤解析】

1. 新建一个【宽度】为"21 厘米"、【高度】为"5.5 厘米"、【分辨率】为"200 像素/英寸"、【颜色模式】为"RGB 颜色"、【背景内容】为"白色"的文件。
2. 新建"图层 1"，利用  工具依次绘制如图 8-3 所示的黑色图形。

图8-3 绘制的图形

3. 用与步骤 2 相同的方法，依次绘制如图 8-4 所示的黑色图形。利用 $\boxed{T}$ 工具在图形的右侧输入图 8-5 所示的黑色文字，其字体为"汉真广标"体。

图8-4 绘制的图形　　　　　　　　　　　　　　　　　　　图8-5 输入的文字

4. 新建"图层 2"，选择 $\boxed{\diagdown}$ 工具，并激活属性栏中的 $\boxed{\square}$ 按钮，将属性栏中 粗细 $\boxed{6\,px}$ 的参数设置为"6 px"，然后按住 $\boxed{Shift}$ 键，在文字的下方绘制如图 8-6 所示的黑色直线。

5. 选择 $\boxed{T}$ 工具，依次输入图 8-7 所示的黑色英文字母和文字，其字体分别为"汉真广标"体和"汉仪篆书繁"体。

图8-6 绘制的直线　　　　　　　　　　　　　　　　　　　图8-7 输入的文字

6. 按 $\boxed{Ctrl}$+$\boxed{S}$ 组合键，将此文件命名为"标志.psd"保存。

   下面绘制标贴图形。

7. 按 $\boxed{Ctrl}$+$\boxed{O}$ 组合键，将教学辅助资料中"图库\项目八"目录下名为"标贴.psd"的图片文件打开，如图 8-8 所示。

8. 选择 $\boxed{\diagup}$ 工具，设置属性栏中 容差:$\boxed{100}$ 的参数为"100"，并将【连续】复选项的勾选取消，然后在标贴中的黑色区域处单击添加选区，如图 8-9 所示。

图8-8 打开的图片　　　　　　　　　　　　　　　　　　　图8-9 添加的选区

9. 按 $\boxed{Ctrl}$+$\boxed{O}$ 组合键，将教学辅助资料中"图库\项目八"目录下名为"花纹.jpg"的图片文件打开，然后按 $\boxed{Ctrl}$+$\boxed{A}$ 组合键，将花纹全部选择，再按 $\boxed{Ctrl}$+$\boxed{C}$ 组合键，将选择的花纹复制到剪贴板中。

10. 将"标贴"文件设置为工作状态，按 $\boxed{Shift}$+$\boxed{Ctrl}$+$\boxed{V}$ 组合键，将复制的花纹贴入到选区中，并利用【自由变换】命令将其调整至图 8-10 所示的大小，然后按 $\boxed{Enter}$ 键，确认图片的变换操作。

11. 单击"图层 2"中的蒙版缩略图，将其设置为工作状态。然后选择 $\boxed{\diagup}$ 工具，并将属性栏中 不透明度:$\boxed{30\%}$ 的参数设置为"30%"，再在贴入图片的边缘位置绘制黑色，效果如图 8-11 所示。

12. 选择 ⊺ 工具，在画面中输入图 8-12 所示的白色文字，其字体为 "汉仪篆书繁" 体。

图8-10　调整后的图片形态

图8-11　绘制黑色后的效果

图8-12　输入的文字

13. 执行【图层】/【图层样式】/【投影】命令，弹出【图层样式】对话框，设置各选项及参数如图 8-13 所示。

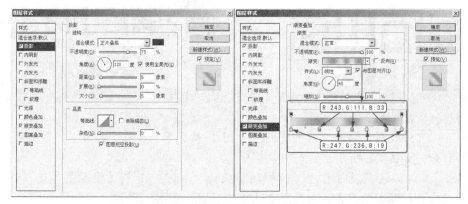
图8-13　【图层样式】对话框参数设置

14. 单击 ［确定］ 按钮，添加图层样式后的文字效果如图 8-14 所示。

15. 利用 ⌖ 工具和 ⟋ 工具绘制并调整出图 8-15 所示的路径。

图8-14　添加图层样式后的文字效果

图8-15　绘制出的路径

16. 选择 ⊺ 工具，将鼠标光标移动到路径的左侧，当鼠标光标显示为 ✓ 形状时单击，插入文本输入光标，再沿路径输入英文字母，输入的英文字母及设置的字符参数如图 8-16 所示。

17. 用与步骤 15～步骤 16 相同的方法，在画面中沿路径输入图 8-17 所示的深褐色（R:105,G:38,B:17）文字。
　　至此，标贴已设计完成，将路径隐藏后的效果如图 8-18 所示。

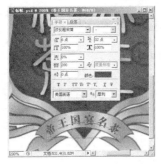

图8-16　沿路径输入的英文字母及字符　　图8-17　沿路径输入的文字及字符参数设置　　图8-18　设计完成的标贴
参数设置

18. 按 Shift + Ctrl + S 组合键，将此文件另命名为"标贴.psd"保存。

（二）　热气效果制作

下面利用通道及【滤镜】命令制作热气效果。

【步骤解析】

1. 新建一个【宽度】为"6 厘米"、【高度】为"10 厘米"、【分辨率】为"200 像素/英寸"、【颜色模式】为"RGB 颜色"、【背景内容】为"白色"的文件。

2. 为"背景"层填充黑色。然后打开【通道】面板，单击面板底部的 按钮，新建一个"Alpha 1"通道，如图 8-19 所示。

3. 将前景色设置为白色。然后选择 工具，并按 F5 键调出【画笔】面板，设置各选项及参数如图 8-20 所示。

4. 利用 工具，在"Alpha 1"通道中依次绘制如图 8-21 所示的白色线条。

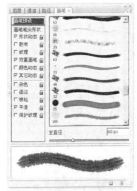

图8-19　创建的通道　　　　　图8-20　【画笔】面板参数设置　　　　图8-21　绘制出的线条

> 说明　在"Alpha 1"通道中绘制的白色线条形态将直接影响到最终的烟雾效果，读者最好能够多绘制几次，直到绘制出与本例相同或非常相似的线条样式。

5. 执行【滤镜】/【模糊】/【高斯模糊】命令，在弹出的【高斯模糊】对话框中，将【半径】选项的参数设置为"4 px"，然后单击 确定 按钮。

6. 执行【滤镜】/【模糊】/【动感模糊】命令，弹出【动感模糊】对话框，设置各选项及参数如图 8-22 所示。单击 确定 按钮，执行【动感模糊】命令后的效果如图 8-23 所示。

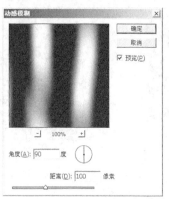

图8-22 【动感模糊】对话框参数设置

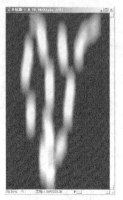

图8-23 模糊后的效果

7. 执行【滤镜】/【扭曲】/【波浪】命令，弹出【波浪】对话框，设置各选项及参数如图 8-24 所示。单击 确定 按钮，执行【波浪】命令后的效果如图 8-25 所示。

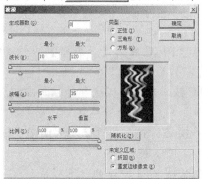

图8-24 【波浪】对话框参数设置

图8-25 执行【波浪】命令后的效果

8. 执行【滤镜】/【扭曲】/【旋转扭曲】命令，在弹出的【旋转扭曲】对话框中将【角度】的值设置为"180°"。单击 确定 按钮，执行【旋转扭曲】命令后的效果如图 8-26 所示。

9. 执行【滤镜】/【模糊】/【动感模糊】命令，弹出【动感模糊】对话框，设置各选项及参数如图 8-27 所示。单击 确定 按钮，执行【动感模糊】命令后的效果如图 8-28 所示。

图8-26 旋转扭曲后的效果

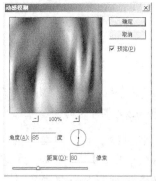

图8-27 【动感模糊】对话框参数设置

图8-28 动感模糊后的效果

10. 执行【滤镜】/【其它】/【最小值】命令，在弹出的【最小值】对话框中将【半径】的参数设置为"2px"。单击 确定 按钮，执行【最小值】命令后的效果如图 8-29 所示。

11. 按住 Ctrl 键，单击 "Alpha 1" 通道添加选区，然后在【图层】面板中新建 "图层 1"，并为其填充白色，效果如图 8-30 所示。

图8-29　执行【最小值】命令后的效果

图8-30　填充白色后的效果

12. 按 Ctrl+D 组合键去除选区，然后按 Ctrl+S 组合键，将此文件命名为 "热气效果.psd" 保存。

（三）　茶叶店门头画面设计

下面设计茶叶店的门头画面，然后利用【自由变换】命令制作出实景效果。

【步骤解析】

1. 按 Ctrl+O 组合键，将教学辅助资料中 "图库\项目八" 目录下名为 "沙漠背景.jpg" 的图片文件打开。选择 工具，并新建 "图层 1"，然后绘制如图 8-31 所示的黄色（R:255,G:240）圆形。

图8-31　绘制出的圆形

2. 按 Ctrl+D 组合键去除选区，在【图层】面板中将图层混合模式设置为 "柔光"。

3. 新建 "图层 2"，并将其调整至 "图层 1" 的下方，然后将前景色设置为浅黄色（R:255,G:245,B:110）。

4. 选择 工具，设置属性栏中各选项及参数如图 8-32 所示，然后在圆形的右侧涂抹，制作如图 8-33 所示的光晕效果。

图8-32　【画笔】工具的属性设置　　　　　　　　图8-33　绘制出的光晕效果

5. 新建 "图层 3"，利用 工具在画面的下方绘制如图 8-34 所示的深褐色（R:92,G:14,B:12）矩形，然后按 Ctrl+D 组合键去除选区。

6. 将前面设计的"标志"和"标贴"图形依次移动复制到"沙漠背景"文件中，将图形
   调整至合适的大小后，分别放置到图 8-35 所示的位置。

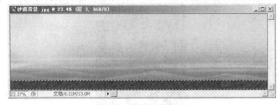

图8-34 绘制出的矩形　　　　　　　　　　　　　　图8-35 复制入的图片放置的位置

7. 按 Ctrl+O 组合键，将教学辅助资料中"图库\项目八"目录下名为"茶具.psd"的图片
   文件打开，然后将其移动复制到"沙漠背景"文件中，并将其调整至合适的大小后放
   置到图 8-36 所示的位置。

图8-36 图片放置的位置

8. 将前面绘制的"热气效果"移动复制到"沙漠背景"文件中，调整至合适的大小后放
   置到茶杯的上方位置。然后选择 工具，对热气图形进行涂抹，涂抹后的热气效果如
   图 8-37 所示。

9. 利用 T 工具输入图 8-38 所示的深褐色（R:95,G:48,B:37）文字，其字体为"方正隶二
   简体"。

图8-37 涂抹后的热气效果　　　　　　　　　　　　图8-38 输入的文字

10. 执行【图层】/【图层样式】/【投影】命令，弹出【图层样式】对话框，设置各选项及
    参数如图 8-39 所示。

11. 单击 确定 按钮，添加图层样式后的文字效果如图 8-40 所示。

12. 选择 T 工具，在画面中输入深褐色（R:95,G:48,B:37）的"帝王品质王者风范"文字，
    然后在"质"字的右侧单击，插入文本输入光标。

13. 将输入法设置为"智能 ABC 输入法"，然后单击 标准 中的 按钮，此时工作界
    面中将弹出"PC 键盘"。

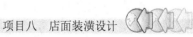

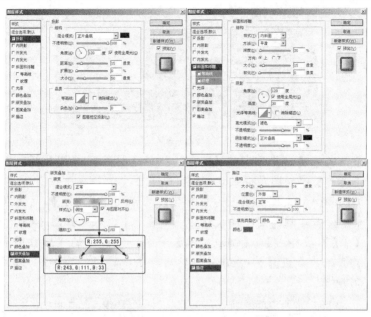

图8-39　【图层样式】对话框参数设置

图8-40　添加图层样式后的文字效果

14. 在 按钮上单击鼠标右键，在弹出的列表中选择【标点符号】命令，再在弹出的相应键盘中单击图 8-41 所示的标点符号，输入的文字及添加的标点符号如图 8-42 所示。

图8-41　选择的标点符号

图8-42　输入的文字及标点符号

15. 再次单击 按钮，隐藏软键盘。新建"图层 6"，并将前景色设置为深褐色（R:95,G:48,B:37）。

16. 选择 工具，激活属性栏中的 按钮，并将属性栏中 粗细: 6 px 的参数设置为"6 px"，然后按住 Shift 键依次绘制如图 8-43 所示的直线。

图8-43　绘制的直线

17. 选择 $\boxed{T}$ 工具，在画面中输入图 8-44 所示的深褐色（R:95,G:48,B:37）英文字母。

图8-44　输入的英文字母

18. 将"帝王礼茶"文字层设置为当前层，然后执行【图层】/【图层样式】/【拷贝图层样式】命令，将当前层中的图层样式复制到剪贴板中。

19. 将"DIWANGLICHA"文字层设置为当前层，然后执行【图层】/【图层样式】/【粘贴图层样式】命令，将复制的图层样式粘贴到当前层中，效果如图 8-45 所示。

20. 执行【图层】/【图层样式】/【缩放效果】命令，在弹出的【缩放图层效果】对话框中，将【缩放】的参数设置为"50%"，然后单击 $\boxed{确定}$ 按钮，缩放图层效果后的字母如图 8-46 所示。

图8-45　粘贴图层样式后的文字效果

图8-46　缩放图层效果后的字母效果

21. 将"图层 6"设置为当前层，利用 $\boxed{\square}$ 工具绘制矩形选区，并按 $\boxed{Delete}$ 键删除，将英文字母下方的直线删除，效果如图 8-47 所示。按 $\boxed{Ctrl}$+$\boxed{D}$ 组合键去除选区。

22. 选择 $\boxed{T}$ 工具，在画面的下方输入图 8-48 所示的黄色（R:255,G:255）文字。

图8-47　删除部分直线后的效果

图8-48　输入的文字

23. 按 $\boxed{Ctrl}$+$\boxed{O}$ 组合键，将教学辅助资料中"图库\项目八"目录下名为"茶叶.psd"的图片文件打开，并将其移动复制到"沙漠背景"文件中。然后用移动复制和缩放图形的方法，依次复制出图 8-49 所示的茶叶，完成茶叶店门头画面的设计。

图8-49　复制出的茶叶

24. 按 $\boxed{Shift}$+$\boxed{Ctrl}$+$\boxed{S}$ 组合键，将此文件另命名为"茶叶店门头画面.psd"保存。

最后来制作实景效果。

25. 按 $\boxed{\text{Ctrl}}$+$\boxed{\text{O}}$ 组合键，将教学辅助资料中 "图库\项目八" 目录下名为 "茶叶店门头.jpg" 的图片打开。

26. 将 "茶叶店门头画面.psd" 文件设置为工作状态，然后执行【图层】/【拼合图像】命令，将所有图层合并到 "背景" 层中。

27. 选择 工具，将合并后的画面移动复制到 "茶叶店门头.jpg" 文件中，并利用【自由变换】命令将其调整至图 8-50 所示的透视形态。

图8-50　调整出的透视形态

28. 按 $\boxed{\text{Shift}}$+$\boxed{\text{Ctrl}}$+$\boxed{\text{S}}$ 组合键，将此文件另命名为 "茶叶店门头装潢.psd" 保存。

任务二　摄影店门面装潢设计

本任务将设计摄影店的门面装潢效果。在设计时主要是将各素材图片进行组合，然后再制作上门头文字即可。

【步骤图解】

摄影店门面装潢效果的设计过程示意图如图 8-51 所示。

① 将各素材图片进行组合

② 绘制图形并输入文字，然后导入其他
素材图片即可完成门面装潢设计

③ 将图像合并图层，然后复制到实景
图片中，即可制作出实景效果

图8-51　摄影店门面装潢效果的设计过程示意图

【设计思路】

这是一个儿童摄影工作室的门面广告画面。颜色采用了紫红色，温馨可人，"七彩光" 字体的选用俏皮活泼，非常适合儿童的心理特征。

【步骤解析】

1. 按 Ctrl+O 组合键，将教学辅助资料中 "图库\项目八" 目录下名为 "背景.jpg" 的图片文件打开。

2. 利用 ✒ 工具和 ▶ 工具绘制并调整出如图 8-52 所示的路径，然后按 Ctrl+Enter 组合键，将路径转换为选区。

3. 新建 "图层 1"，然后将前景色设置为深黄色（R:246,G:213,B:60），背景色设置为红色（R:249,G:85,B:73）。

4. 选择 ▨ 工具，按住 Shift 键，在选区中由上至下填充从前景色到背景色的线性渐变色，然后按 Ctrl+D 组合键将选区去除，效果如图 8-53 所示。

5. 在【路径】面板中，单击工作路径，将其在画面中显示，然后利用【自由变换】命令，将其调整至如图 8-54 所示的形态。

图8-52　绘制的路径　　　　　图8-53　填充渐变色后的效果　　　　　图8-54　调整后的路径形态

6. 按 Ctrl+Enter 组合键，将路径转换为选区，然后新建 "图层 2"，并为其填充橘红色（R:255,G:151,B:40）。

7. 按 Ctrl+D 组合键将选区去除，然后将 "图层 2" 调整至 "图层 1" 的下方，效果如图 8-55 所示。

8. 用与步骤 5～步骤 7 相同的方法，在 "图层 2" 的下方绘制出如图 8-56 所示的图形，填充的颜色为绿色（R:138,G:214,B:54）。

9. 按 Ctrl+O 组合键，将教学辅助资料中 "图库\项目八" 目录下名为 "儿童 01.jpg" 的图片文件打开。

10. 利用 ✎ 工具选取白色背景，然后按 Shift+Ctrl+I 组合键，将选区反选，再将选取的人物图像移动复制到新建的文件中，调整大小后放置到如图 8-57 所示的位置。

图8-55　调整图层堆叠顺序后的效果　　　图8-56　绘制的绿色图形　　　图8-57　儿童图像调整后的大小及位置

11. 按 Ctrl+O 组合键，将教学辅助资料中"图库\项目八"目录下名为"树叶.psd"的图片文件打开，然后分别将树叶和心形移动复制到新建的文件中，注意图层堆叠顺序的调整，如图 8-58 所示。

图8-58　合成的图像效果

12. 选择 ◯ 工具，在画面的左侧绘制圆形选区，新建"图层 7"，并为其填充深黄色（R:250,G:190），如图 8-59 所示。

13. 按 Ctrl+D 组合键去除选区，然后单击【图层】面板下方的 fx 按钮，在弹出的菜单中选择【描边】命令。

14. 在弹出的【图层样式】对话框中设置选项及参数如图 8-60 所示。

图8-59　绘制的深黄色圆形

图8-60　【描边】选项参数设置

15. 单击 确定 按钮，描边后的效果如图 8-61 所示。

16. 将圆形水平向右移动复制，分别修改复制出图形的大小及颜色，效果如图 8-62 所示。

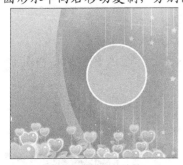

图8-61　描边后的效果

图8-62　复制出的图形

17. 利用 T 工具，在圆形上依次输入如图 8-63 所示的黑色文字。

18. 依次将输入的文字复制，并为其描绘白色的边缘，向左移动位置后制作出如图 8-64 所示的立体字效果。

图8-63　输入的文字

图8-64　复制出的文字

19. 继续利用 ○ 工具、【图层样式】命令及移动复制操作和 T 工具，制作出如图 8-65 所示的图形及文字效果。

20. 按 Ctrl+O 组合键，将教学辅助资料中"图库\项目八"目录下名为"儿童 02.jpg"的图片文件打开，然后将其移动复制到新建的文件中，并调整至如图 8-66 所示的形态。

图8-65　制作的图形及文字

图8-66　调整后的形态

21. 单击【图层】面板下方的 fx. 按钮，在弹出的菜单中选择【内发光】命令，然后在弹出的【图层样式】对话框中，设置选项及参数如图 8-67 所示。

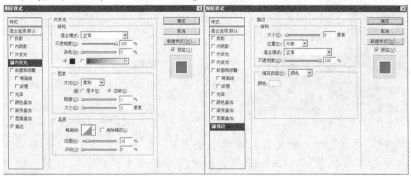
图8-67　设置的选项参数

22. 单击 确定 按钮，添加外发光及描边后的效果如图 8-68 所示。

23. 利用 □ 工具绘制矩形选区，然后利用【选择】/【变换选区】命令，将其调整至如图 8-69 所示的形态。

图8-68　添加图层样式后的效果

图8-69　选区调整后的形态

24. 单击【图层】面板下方的 ◎ 按钮，为图像添加图层蒙版，隐藏选区外图像后的效果如

图 8-70 所示。

25. 按 Ctrl+O 组合键,将教学辅助资料中"图库\项目八"目录下名为"儿童 03.jpg"的图片文件打开,然后将其移动复制到新建的文件中,并利用步骤 21～步骤 24 相同的方法,制作出如图 8-71 所示的效果。

图8-70　添加图层蒙版后的效果

图8-71　合并的儿童图像

26. 按住 Ctrl 键单击"儿童 03"所在层的图层蒙版缩览图,加载选区,然后单击【图层】面板下方的 ○. 按钮,在弹出的菜单中选择【色彩平衡】命令。

27. 在弹出的【色彩平衡】对话框中设置颜色参数如图 8-72 所示。

28. 单击 确定 按钮,图像调整颜色后的效果如图 8-73 所示。

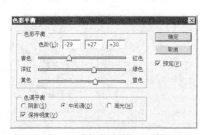

图8-72　【色彩平衡】对话框

图8-73　调整颜色后的效果

29. 将前面打开的"树叶.psd"文件设置为工作状态,然后将"心形"图形依次移动复制到新建文件中,并利用移动复制操作及【色彩平衡】命令对其进行颜色调整,最终效果如图 8-74 所示。

图8-74　设计完成的门头效果

30. 按 Ctrl+S 组合键,将此文件命名为"摄影店门面设计.psd"保存。

31. 将教学辅助资料中"图库\项目八"目录下名为"摄影店门面.jpg"的图片文件打开,然后将"摄影店门面设计.psd"文件设置为工作状态,执行【图层】/【拼合图像】命令,将所有图层合并到"背景"层中。

32. 将合并后的画面移动复制到"摄影店门面.jpg"文件中，并利用【自由变换】命令将其调整至如图 8-75 所示的形态。再按 Enter 键确认调整。

33. 单击【图层】面板下方的 fx 按钮，在弹出的菜单中选择【投影】命令，然后在弹出的【图层样式】对话框中，设置选项及参数如图 8-76 所示。

图8-75 图像调整后的形态

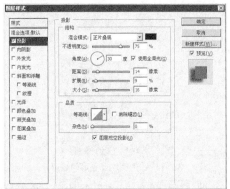
图8-76 设置的投影参数

34. 单击 确定 按钮，为图像添加投影效果，然后将"背景层"设置为工作层。

35. 选择 工具，将鼠标光标移动到画面中的拱形门上方位置单击鼠标，添加如图 8-77 所示的选区。

36. 按 Shift+J 组合键，将选区内的图像通过复制生成新的图层"图层 2"，然后将"图层 2"调整至"图层 1"的上方位置，画面效果及【图层】面板如图 8-78 所示。

图8-77 创建的选区

图8-78 调整堆叠顺序后的效果

37. 至此，摄影店门面设计完成，按 Shift+Ctrl+S 组合键，将此文件另命名为"摄影店门面效果.psd"保存。

项目实训

参考本项目范例的操作过程，请读者设计出服装店和酒店的门面装潢效果。

实训一 服装店门面装潢设计

要求：灵活运用图层将素材图像合成，然后利用【文字】工具、路径工具及【图层样式】命令制作门面上的文字效果，最后利用【编辑】/【拷贝】和【贴入】命令制作出服装店门面的实景效果，设计完成的效果如图 8-79 所示。

图8-79 设计完成的服装店门面效果

【步骤解析】

1. 新建图像文件后，依次将教学辅助资料中"图库\项目八"目录下名为"花图案.jpg"、"人物.jpg"及"花与蝴蝶.pad"的图片文件打开，将需要的图像选取后进行合成，效果如图 8-80 所示。

图8-80 合成后的画面效果

2. 利用 T 工具及【图层样式】命令制作门面文字，效果如图 8-81 所示。

3. 执行【图层】/【栅格化】/【文字】命令，将文字层转换为普通层，然后利用 工具将"线"文字的提笔画删除，并利用 工具、 工具和 工具绘制出如图 8-82 所示的路径。

【知识链接】

许多编辑命令和编辑工具无法在文字层中使用，必须先将文字层转换为普通层才可使用相应的命令，其转换方法有以下 3 种。

(1) 将要转换的文字层设置为工作层，然后执行【图层】/【栅格化】/【文字】命令，即可将其转换为普通层。

(2) 在【图层】面板中要转换的文字层上单击鼠标右键，在弹出的右键菜单中选取【栅格化文字】命令。

(3) 在文字层中使用编辑工具或命令时，例如【画笔】工具、【橡皮擦】工具和各种
【滤镜】命令等，将会弹出【Adobe Photoshop】询问对话框，直接单击 确定
按钮，也可以将文字栅格化。

图8-81 制作的门面字效果

图8-82 绘制的路径

4. 按 Ctrl+Enter 组合键，将路径转换为选区，然后新建图层并为其填充绿色（R:170,
G:205），再为其复制文字效果的图层样式。

5. 利用 T 工具及【图层样式】命令制作出其他文字效果，即可完成门面设计。

6. 将教学辅助资料中"图库\项目八"目录下名为"服装店门面.jpg"的图片文件打开，然
后将设计完成的门头画面合并图层，并利用【贴入】命令将其贴入"服装店门面.jpg"
文件上方的黑色区域中。

7. 最后利用【自由变换】命令调整画面的透视效果，即可完成门面装潢设计。

实训二 饭店门面夜晚效果设计

要求：利用【路径】工具、【画笔】工具和路径的描绘功能，来制作饭店门面夜晚的装
潢效果，如图 8-83 所示。在描绘路径表现霓虹灯效果时，要注意画笔笔头大小和前景色的
设置。

图8-83 制作的饭店门面夜晚效果

【步骤解析】

1. 打开教学辅助资料中"图库\项目八"目录下名为"饭店门面.jpg"的图像文件，并利用
   工具绘制如图 8-84 所示的两条路径。

2. 选择 工具，在【画笔设置】面板中设置【主直径】参数为"50 px"，【硬度】参数为
   "0%"，在属性栏中设置【不透明度】参数为"50%"。

3. 新建"图层 1"，在【色板】面板中选取图 8-85 所示的暗红色作为前景色，然后单击
   【路径】面板底部的 按钮来描绘路径。

图8-84 绘制的路径

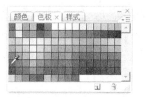

图8-85 设置颜色

4. 新建"图层 2"，在【色板】面板中选取红色作为前景色。

5. 确认当前使用的是 工具，在【画笔设置】面板中设置【主直径】参数为"10 px"，将属性栏中的【不透明度】参数设置为"100%"，单击【路径】面板底部的 ⬭ 按钮，再次描绘路径，效果如图 8-86 所示。

图8-86 描绘路径效果

6. 新建"图层 3"，设置工具箱中的前景色为白色，在【画笔设置】面板中设置【主直径】参数为"7 px"，并再次描绘路径，隐藏路径后的描绘效果如图 8-87 所示。

图8-87 描绘路径效果

7. 新建"图层 4"，选择 工具，并单击属性栏中的 按钮，在弹出的【画笔】面板中设置画笔的参数如图 8-88 所示。

8. 将前景色设置为洋红色（R:251,B:245），按住 Shift 键，并在画面右侧需要添加霓虹灯效果的位置单击，然后移动鼠标光标到画面的左侧再次单击，即可得到一排霓虹灯效果，如图 8-89 所示。

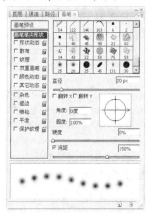

图8-88 【画笔】面板

图8-89 绘制的霓虹灯效果

9. 使用相同的方法在上面再绘制一排霓虹灯，然后将"图层 4"复制生成为"图层 4 副本"，并激活【图层】面板上面的 ■ 按钮，为复制的霓虹灯填充白色，效果如图 8-90 所示。

10. 打开教学辅助资料中"图库\项目八"目录下名为"小咪咪标志.psd"的文件，利用 ⊕ 工具将标志图形移动复制到"饭店门头.jpg"文件中，调整合适的大小后放置到门面的左侧位置。

11. 利用【图层样式】命令为其添加外发光效果，参数设置如图 8-91 所示。

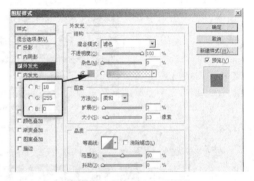

图8-90 填充白色后的效果   图8-91 【图层样式】对话框

12. 利用 T 工具在画面中输入"小咪咪营养快餐"文字，并利用【自由变换】命令将文字进行透视调整，然后执行【图层】/【文字】/【转换为工作路径】命令，将文字转换为路径。

13. 将文字层隐藏，并利用上面描绘路径的方法，依次对文字路径进行描绘，即可完成饭店门面的夜晚效果。

  ## 项目小结

　　本项目主要学习了门面装潢设计，包括茶叶店和摄影店的门面装潢。另外，在项目实训中还学习了饭店夜景霓虹灯效果的制作。通过本项目的学习，希望读者能熟练掌握利用【路径】工具、【画笔】工具及路径的描绘功能制作霓虹灯效果的方法。读者在生活中要多留意路边的各种店面的装潢设计，以提高自己的设计能力。

  ## 思考与练习

　　1.　利用图层蒙版、【文字】工具和【图层样式】命令制作摄影店的门头画面，然后利用【自由变换】命令制作实景效果，设计的门头画面及实景效果如图 8-92 所示。

　　2.　灵活运用图层蒙版、【文字】工具、【画笔】工具和【自由变换】命令，制作如图 8-93 所示的珠宝店门面效果。

图8-92　设计的门头画面及实景效果

图8-93　制作的珠宝店门面效果

报纸是读者熟知的广告宣传媒介之一，其内容十分广泛，几乎深入到社会生活的各个方面，加之其阅读群体较为庞大，传播速度快，宣传效果明显，所以不少企业都利用报纸的这些特点来刊登各种类型的广告。以前的报纸广告都是以单色的图案或文字进行编排设计的，所以在版式以及印刷技术上没有太多的要求。随着印刷术的提高，图片已被运用到报纸广告宣传中，图片具有更加强烈的视觉冲击力和说服力，所以，印刷也从单色黑白印刷发展到套红、四色印刷，使报纸广告的宣传内容更加丰富。

本项目以"一家装饰公司"的报纸广告设计为例，来介绍报纸广告的设计方法。设计完成的效果如图 9-1 所示。

图9-1　设计完成的报纸广告

学习目标

了解报纸广告的设计方法。
掌握红纸效果的制作方法。
掌握火花效果的制作方法。
学习立体浮雕效果字的制作方法。
熟悉表格的绘制方法。

【设计思路】

这是一款装饰公司在元旦期间为了答谢客户所做的报纸广告画面，画面采用红色作为颜色基调，加上红色的鞭炮和黄色的火焰，突出了红红火火的元旦节日气氛。金黄色的"福"字在画面中具有很强的视觉冲击力，红色的活动主题文字勾白边加投影，在画面中尤其显眼突出。

任务一 制作红纸和火花

本任务主要利用【通道】、【滤镜】命令以及【路径】工具、【渐变】工具，来制作红纸和火花效果。

【步骤图解】

红纸和火花效果的制作过程示意图如图 9-2 所示。

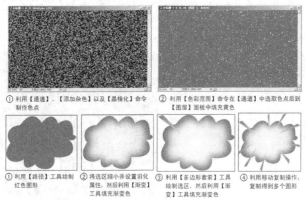

① 利用【通道】、【添加杂色】以及【晶格化】命令制作色点
② 利用【色彩范围】命令在【通道】中选取色点后到【图层】面板中填充黄色

① 利用【路径】工具绘制红色图形
② 将选区缩小并设置羽化属性，然后利用【渐变】工具填充渐变色
③ 利用【多边形套索】工具绘制选区，然后利用【渐变】工具填充渐变色
④ 利用移动复制操作，复制得到多个图形

图9-2 红纸和火花效果的制作过程示意图

【制作思路】

- 在新建文件的【通道】面板中建立"Alpha 1"通道，依次执行【滤镜】/【杂色】/【添加杂色】命令和【滤镜】/【像素化】/【晶格化】命令。
- 执行【选择】/【色彩范围】命令，得到特殊的杂色选区，然后在【图层】面板中新建图层并填充红色，即可制作出红纸效果。
- 利用【路径】工具绘制路径，转换成选区后填充红色。
- 执行【选择】/【变换选区】命令，将选区缩小并设置羽化属性。
- 利用【渐变】工具在选区内填充渐变色，然后利用【多边形套索】工具绘制选区并填充渐变色。
- 依次移动复制并旋转图形，即可制作出火花效果。

【步骤解析】

首先来制作红纸效果。

1. 新建一个【宽度】为"23 厘米"、【高度】为"12.5 厘米"、【分辨率】为"200 像素/英寸"、【颜色模式】为"RGB 颜色"、【背景内容】为"白色"的文件。

2. 在文件的"背景"层中填充上红色（R:238,G:28,B:36），然后打开【通道】面板，单击底部的 按钮，新建一个"Alpha 1"通道。

3. 执行【滤镜】/【杂色】/【添加杂色】命令，弹出【添加杂色】对话框，设置各选项及参数如图 9-3 所示。

4. 单击 确定 按钮，执行【添加杂色】命令后的画面效果如图 9-4 所示。

图9-3 【添加杂色】对话框

图9-4 执行【添加杂色】命令后的效果

5. 执行【滤镜】/【像素化】/【晶格化】命令，弹出【晶格化】对话框，设置参数如图 9-5 所示。

6. 单击 确定 按钮，执行【晶格化】命令后的画面效果如图 9-6 所示。

图9-5 【晶格化】对话框

图9-6 执行【晶格化】命令后的效果

7. 执行【选择】/【色彩范围】命令，弹出【色彩范围】对话框，将鼠标光标移动到图像中的灰色区域单击，吸取色样，然后设置【颜色容差】参数为 "10"，如图 9-7 所示，然后单击 确定 按钮。

8. 打开【图层】面板，新建 "图层 1"，并为选区填充黄色（R:255,G:255），然后按 Ctrl+D 组合键去除选区，填充颜色后的效果如图 9-8 所示。

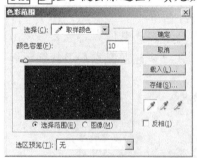

图9-7 【色彩范围】对话框

图9-8 填充颜色后的效果

9. 至此，红纸效果制作完毕，按 Ctrl+S 组合键，将此文件命名为 "红纸.psd" 保存。下面来绘制火花图形。

10. 新建一个【宽度】为 "8 厘米"、【高度】为 "7 厘米"、【分辨率】为 "200 像素/英寸"、【颜色模式】为"RGB 颜色"、【背景内容】为"白色"的文件。

11. 新建"图层 1"，利用 ✒ 工具和 ⬙ 工具绘制并调整出图 9-9 所示的路径。

12. 按 Ctrl+Enter 组合键将路径转换为选区，然后为选区填充红色（R:217,G:50,B:28），效果如图 9-10 所示。

13. 执行【选择】/【变换选区】命令，为选区添加自由变换框，按住 Shift+Alt 组合键将选区等比例缩小，如图 9-11 所示，然后按 Enter 键确认选区的变换操作。

图9-9　绘制并调整出的路径

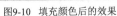
图9-10　填充颜色后的效果

图9-11　调整后的选区形态

14. 按 Alt+Ctrl+D 组合键，在弹出的【羽化选区】对话框中将【羽化半径】参数设置为"20 px"，然后单击 确定 按钮。

15. 选择 ▭ 工具，并激活属性栏中的 ▭ 按钮，然后打开【渐变编辑器】对话框，在该对话框中设置左侧色标的颜色为白色，右侧色标的颜色为黄色（R:255,G:240），单击 确定 按钮。

16. 单击【图层】面板上方的 ▦ 按钮，锁定"图层 1"的透明像素，在选区的中心位置按下鼠标左键向右拖曳鼠标光标，填充渐变色，效果如图 9-12 所示，然后按 Ctrl+D 组合键去除选区。

此处锁定"图层 1"的透明像素，是确保填充的渐变色在红色图形范围内，否则，填充的渐变色会布满整个画面。

17. 新建"图层 2"，利用 ▱ 工具绘制三角形选区，然后利用 ▭ 工具为其自左上向右下方填充由红色（R:222,G:80,B:30）到黄色（R:255,G:221）的线性渐变色，效果如图 9-13 所示。

18. 用移动复制和旋转图形的方法，在画面中依次复制出图 9-14 所示的三角形，完成火花的绘制。

图9-12　填充渐变色效果

图9-13　填充渐变色效果

图9-14　复制出的图形

19. 按 Ctrl+S 组合键，将此文件命名为"火花.psd"保存。

任务二 设计标志

本任务主要利用各种形状工具和【文字】工具来设计"一家装饰"公司的标志图形。

【步骤解析】

1. 新建一个【宽度】为"24 厘米"、【高度】为"8 厘米"、【分辨率】为"200 像素/英寸"、【颜色模式】为"RGB 颜色"、【背景内容】为"白色"的文件。

2. 将前景色设置为浅蓝绿色（R:50,G:167,B:173），然后选择 ◎ 工具，激活属性栏中的 □ 按钮，并将属性栏中 边 [3] 的参数设置为"3"。

3. 按住 Shift 键，在画面中垂直向上拖曳鼠标光标，绘制如图 9-15 所示的三角形。

4. 按 Ctrl+T 组合键，为三角形添加自由变换框，并将其水平拉伸至图 9-16 所示的形态，然后按 Enter 键，确认图形的变换操作。

5. 选择 □ 工具，激活属性栏中的 □ 按钮，在三角形的下方绘制如图 9-17 所示的矩形。

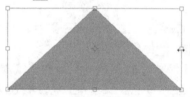

图9-15 绘制的图形　　　　　图9-16 调整后的图形形态　　　　　图9-17 绘制的图形

6. 选择 ▶ 工具，将三角形和矩形框选，状态如图 9-18 所示，然后单击属性栏中的 ◻ 按钮，将选择的图形在垂直方向上居中对齐。

7. 执行【图层】/【栅格化】/【形状】命令，将形状层转换为普通层。

8. 新建"图层 1"，选择 ＼ 工具，激活属性栏中的 □ 按钮，并将属性栏中 粗细 [15 px] 的参数设置为"15 px"，然后在画面中绘制如图 9-19 所示的线形。

9. 利用 ☑ 工具，将两条直线相接处多余的部分选取后进行删除，修饰后的形态如图 9-20 所示。

图9-18 选取图形时的状态　　　　　图9-19 绘制的线形　　　　　图9-20 修饰后的直线形态

10. 选择 ◎ 工具，激活属性栏中的 □ 按钮，绘制如图 9-21 所示的椭圆形。

11. 按住 Shift 键，将除"背景层"外的所有图层选择，然后选择 ▶⊕ 工具，单击属性栏中的 ◻ 按钮，将图形在垂直方向上居中对齐。

12. 按住 Ctrl 键，单击"形状 2"层的蒙版缩略图，将其作为选区载入，其状态及载入的选区如图 9-22 所示。

13. 将"形状 2"层删除，然后按 Ctrl+E 组合键，将"图层 1"向下合并至"形状 1"层中。

14. 执行【图层】/【新建】/【通过剪切的图层】命令，将选区内的图形通过剪切生成"图层 1"。

图9-21 绘制的图形　　　　　　　　　图9-22 载入选区时的状态及载入的选区

15. 将"图层 1"中的图形垂直向下移动至图 9-23 所示的位置，然后锁定图层的透明像素，并为其填充橘红色（R:243,G:111,B:33）。

16. 将"形状 1"层设置为当前层，锁定图层的透明像素，然后将前景色设置为浅蓝绿色（R:50,G:167,B:173），背景色设置为深灰色（G:58,B:66）。

17. 选择 ▢ 工具，按住 Shift 键，在蓝色图形中由下至上为"形状 1"层中的图形填充由前景到背景的线性渐变色，效果如图 9-24 所示。

图9-23 图形放置的位置　　　　　　　　　图9-24 填充渐变色后的效果

18. 选择 T 工具，在图形的右侧输入图 9-25 所示的文字，完成"一家装饰"标志设计。

图9-25 输入的文字

19. 按 Ctrl+S 组合键，将此文件命名为"一家标志.psd"保存。

任务三　设计装饰公司的报纸广告

本任务主要利用【渐变】工具、【路径】工具、图层蒙版以及【图层样式】命令，来设计装饰公司的报纸广告。

【步骤图解】

报纸广告制作过程示意图如图 9-26 所示。

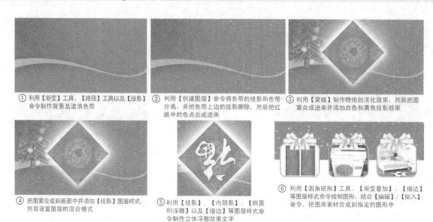

① 利用【渐变】工具、【路径】工具以及【投影】　② 利用【创建图层】命令将色带的投影和色带　③ 利用【蒙版】制作鞭炮的淡化效果，然后把图
命令制作背景及波浪色带　　　　　　　　　　分离，并把色带上边的投影删除，然后把红　　案合成进来并添加白色和黄色投影效果
　　　　　　　　　　　　　　　　　　　　　纸中的色点合成进来

④ 把图案合成到画面中并添加【投影】图层样式，　⑤ 利用【投影】、【内阴影】以及【斜面　⑥ 利用【圆角矩形】工具、【渐变叠加】、【描边】
然后设置图层的混合模式　　　　　　　　　　和浮雕】以及【描边】等图层样式命　　等图层样式命令绘制图形，结合【编辑】/【贴入】
　　　　　　　　　　　　　　　　　　　　　令制作立体浮雕效果文字　　　　　　　　命令，把图库素材合成到指定的图形中

图9-26　报纸广告制作过程示意图

【制作思路】

- 利用【渐变】工具、【路径】工具以及【投影】命令制作背景及波浪色带。
- 利用【创建图层】命令将色带的投影和色带分离，并把色带上边的投影删除，然后将红纸中的色点合成进来。
- 利用图层蒙版制作鞭炮的淡化效果，然后将图案合成进来，并添加白色和黄色的投影效果。
- 将图案合成到画面中，并添加【投影】图层样式，然后设置图层的混合模式。
- 利用【投影】、【内阴影】、【斜面和浮雕】以及【描边】等图层样式命令，制作立体浮雕效果文字。
- 利用【圆角矩形】工具，并结合【渐变叠加】和【描边】等图层样式命令绘制图形，然后利用【编辑】/【贴入】命令，将素材图片合成到指定的图形中。
- 利用基本绘图工具绘制表格，并输入文字内容，即可完成报纸广告的设计。

【步骤解析】

1. 新建一个【宽度】为 "23 厘米"、【高度】为 "16 厘米"、【分辨率】为 "200 像素/英寸"、【颜色模式】为 "RGB 颜色"、【背景内容】为 "白色" 的文件。

2. 新建 "图层 1"，利用　　工具绘制矩形选区。然后选择　　工具，在【渐变编辑器】对话框中设置渐变色，如图 9-27 所示。

3. 激活属性栏中的　　按钮，在选区中由左上角至右下角拖曳鼠标光标，填充渐变色，效果如图 9-28 所示，然后按 Ctrl + D 组合键去除选区。

图9-27　【渐变填充】对话框

图9-28　填充渐变色后的效果

4. 新建"图层 2"，利用 🖋️ 工具和 📐 工具绘制并调整出如图 9-29 所示的路径。

5. 按 Ctrl+Enter 组合键将路径转换为选区，然后为其填充橘红色（R:240,G:109,B:32），效果如图 9-30 所示，再按 Ctrl+D 组合键去除选区。

图9-29 绘制的路径

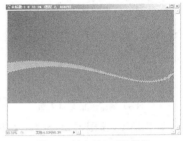

图9-30 填充颜色后的效果

6. 利用【图层】/【图层样式】/【投影】命令，为图形添加如图 9-31 所示的黑色投影效果。

7. 执行【图层】/【图层样式】/【创建图层】命令，将样式层转换为普通层，然后将投影层设置为当前层。

8. 选择 ⛏️ 工具，根据图形绘制选区，将投影的上半部分选择，按 Delete 键删除图形上面的投影，效果如图 9-32 所示，然后按 Ctrl+D 组合键去除选区。

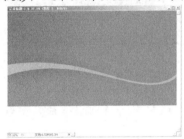

图9-31 添加的黑色投影效果

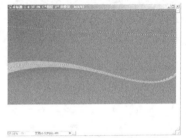

图9-32 删除上方阴影后的效果

9. 将前面制作的"红纸.psd"文件中的黄色色点移动复制到新建文件中，在【图层】面板中将 不透明度:50% ▶ 的参数设置为"50%"，效果如图 9-33 所示。

10. 按 Ctrl+O 组合键，将教学辅助资料中"图库\项目九"目录下名为"鞭炮.psd"的图片文件打开，并将其移动复制到新建文件中，调整大小后放置到图 9-34 所示的位置。

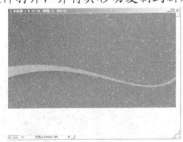

图9-33 降低不透明度后的效果

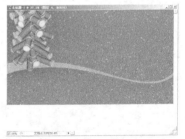

图9-34 图片放置的位置

11. 单击【图层】面板底部的🔲按钮，添加图层蒙版。选择 ✏️ 工具，在"鞭炮"图像的左上边缘涂抹黑色来编辑图层蒙版，得到如图 9-35 所示鞭炮上边淡化的效果。

12. 将教学辅助资料中"图库\项目九"目录下名为"吉祥图案 01.jpg"的图片文件打开，并将其移动复制到新建文件中。

13. 按 Ctrl+T 组合键为吉祥图案添加自由变换框，然后将属性栏中 ∠45.0 度的参数设置为

"45"，再将其调整至图 9-36 所示的大小，按 $\boxed{\text{Enter}}$ 键确认图片的变换操作。

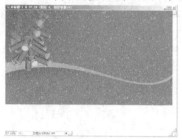
图9-35　编辑蒙版后的效果

图9-36　调整后的图片形态及位置

14. 利用【图层】/【图层样式】/【投影】命令，为图形添加如图 9-37 所示的白色投影效果。

15. 新建"图层 6"，并将其调整至"图层 5"的下方，然后利用 工具绘制如图 9-38 所示的选区。

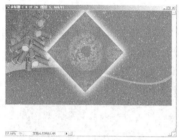
图9-37　添加的白色投影效果

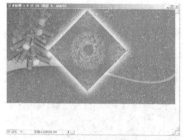
图9-38　绘制的选区

16. 按 $\boxed{\text{Alt}}+\boxed{\text{Ctrl}}+\boxed{\text{D}}$ 组合键，在弹出的【羽化选区】对话框中将【羽化半径】参数设置为 "120 px"，单击 确定 按钮。

17. 为选区填充黄色（R:255,G:248），然后按 $\boxed{\text{Ctrl}}+\boxed{\text{D}}$ 组合键去除选区，填充颜色后的效果如图 9-39 所示。

18. 将教学辅助资料中"图库\项目九"目录下名为"吉祥图案 02.psd"的图片文件打开，分别将其移动复制到新建文件中，并为其填充黄色（R:255,G:255）。

19. 将复制入的图案分别调整大小，放置到图 9-40 所示的位置，然后将所生成的图层合并为"图层 7"。

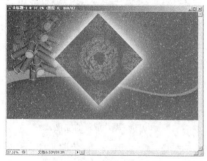
图9-39　填充颜色后的效果

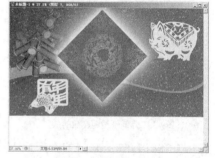
图9-40　图案放置的位置

20. 利用【图层】/【图层样式】/【投影】命令，为图形添加深红色（R:120,G:17,B:28）的投影效果。

21. 在【图层】面板中，将"图层 7"的【混合模式】设置为"正片叠底"，【不透明度】

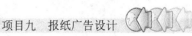

参数设置为"30%"，此时的图案效果如图 9-41 所示。

22. 将教学辅助资料中"图库\项目九"目录下名为"福字.jpg"的图片打开，再选择 工具，将属性栏中 容差: 100 的参数设置为"100"，并将【连续】复选项的勾选取消，然后在黑色文字上单击将文字选取，如图 9-42 所示。

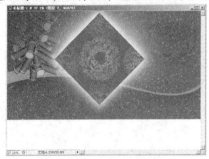
图9-41 调整后的图案效果

图9-42 选取的文字

23. 将选取的文字移动复制到新建文件中，锁定其透明像素，并填充黄色（R:255,G:255），调整大小后放置到图 9-43 所示的位置。

24. 执行【编辑】/【变换】/【旋转 180 度】命令，将文字旋转，如图 9-44 所示。

图9-43 文字放置的位置

图9-44 旋转后的文字

25. 执行【图层】/【图层样式】/【投影】命令，弹出【图层样式】对话框，设置各选项及参数如图 9-45 所示。

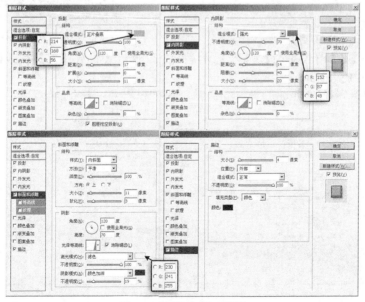
图9-45 【图层样式】对话框

26. 单击 确定 按钮，添加图层样式后的文字效果如图 9-46 所示。

27. 选择 T 工具，在画面中输入图 9-47 所示的黄色（R:255,G:255）文字。

图9-46 文字效果

图9-47 输入的文字

28. 利用【图层】/【图层样式】命令，为文字依次添加【投影】和【描边】样式层，将文字的颜色再填充为红色（R:237,G:28,B:36），添加图层样式后的文字效果如图 9-48 所示。

图9-48 文字效果

29. 将前面绘制的"火花.psd"文件打开，按 Ctrl+E 组合键将"图层 2"向下合并为"图层 1"，然后将合并后的图形移动复制到新建文件中，并用移动复制、缩放等操作，依次复制出图 9-49 所示的火花图形。

30. 将前面绘制的"一家标志.psd"文件打开，在【图层】面板中将"背景层"隐藏，按 Ctrl+Shift+E 组合键合并所有可见图层，然后将合并后的图形移动复制到新建文件中，调整大小后放置到图 9-50 所示的位置。

图9-49 复制出的火花图形

图9-50 标志图形放置的位置

31. 执行【图层】/【图层样式】/【外发光】命令，弹出【图层样式】对话框，设置各选项及参数如图 9-51 所示。

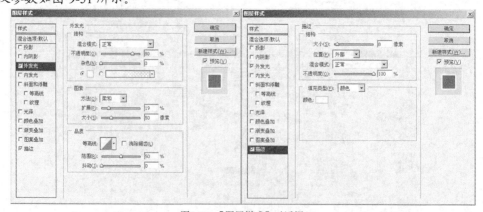

图9-51 【图层样式】对话框

32. 单击 确定 按钮，添加图层样式后的效果如图 9-52 所示。

33. 新建"图层 10"，将前景色设置橘红色（R:240,G:100,B:35）。

34. 选择 工具，激活属性栏中的 按钮，并将 半径: 0.3厘米 的参数设置为"0.3 厘米"，然后在画面中绘制如图 9-53 所示的圆角矩形路径。

图9-52 添加图层样式后的图像效果　　　　　　　　　图9-53 绘制出的路径

35. 按 Ctrl+Enter 组合键，将路径转换为选区，然后利用【编辑】/【描边】命令为其以【内部】的方式描绘【宽度】为"3 px"的橘红色（R:241,G:100,B35）边缘，效果如图 9-54 所示。

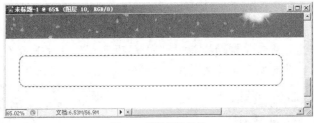

图9-54 描边后的效果

36. 按 Ctrl+D 组合键去除选区，然后新建"图层 11"，利用 工具绘制如图 9-55 所示的橘红色（R:240,G:100,B:35）圆角矩形。

37. 选择 工具，在圆角矩形的右侧绘制如图 9-56 所示的矩形选区，按 Delete 键删除选区内的部分，得到如图 9-57 所示的形态。按 Ctrl+D 组合键去除选区。

图9-55 绘制的圆角矩形　　　　　图9-56 绘制的矩形选区　　　　　图9-57 删除后的效果

38. 新建"图层 12"，选择 工具，并激活属性栏中的 按钮，在线框图形的中间位置从左到右绘制 粗细: 3 px 为"3 px"、颜色为橘红色（R:240,G:100,B:35）的直线，效果如图 9-58 所示。

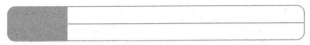

图9-58 绘制的直线

39. 在【图层】面板中激活 按钮，锁定"图层 12"的透明像素，单击"图层 11"的图层缩略图，根据图形大小添加选区，然后将"图层 12"中直线的左侧填充上白色，如图 9-59 所示。

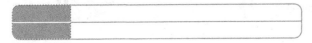

图9-59 填充白色效果

40. 将"图层 12"的锁定透明像素取消，然后再利用 ＼ 工具绘制两条垂直的直线，得到如图 9-60 所示的表格图形。

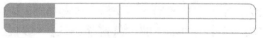

图9-60 绘制的表格

41. 新建"图层 13"，利用 □ 工具绘制如图 9-61 所示的黑色圆角矩形。

42. 执行【图层】/【图层样式】/【渐变叠加】命令，弹出【图层样式】对话框，设置各选项及参数如图 9-62 所示。

图9-61 绘制的圆角矩形

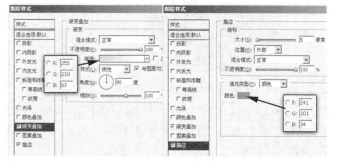

图9-62 【图层样式】对话框

43. 单击 确定 按钮，添加图层样式后的效果如图 9-63 所示。

44. 按 Ctrl+O 组合键，将教学辅助资料中"图库\项目九"目录下名为"绳结.psd"的图片文件打开，将其移动复制到新建文件中，调整大小后放置到图 9-64 所示的位置。

图9-63 图层样式效果

图9-64 绳结放置的位置

45. 按 Ctrl+O 组合键，将教学辅助资料中"图库\项目九"目录下名为"防盗门.jpg"的图片文件打开，将其移动复制到新建文件中调整至合适的大小，然后添加选区并移动复制，去除选区后将其移动到图 9-65 所示的位置。

46. 按住 Ctrl 键，在【图层】面板中将"图层 13"和"图层 14"同时选取，然后复制图层，并将复制的图层向右移动到图 9-66 所示的位置。

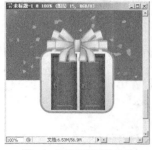

图9-65 防盗门放置的位置

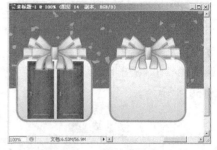

图9-66 复制出的图形

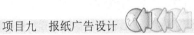

47. 按 Ctrl+O 组合键，将教学辅助资料中"图库\项目九"目录下名为"空调.jpg"的图片文件打开，按 Ctrl+A 组合键全选，再按 Ctrl+C 组合键复制空调画面，关闭该文件。

48. 按住 Ctrl 键单击"图层 13 副本"的图层缩略图，为图形添加如图 9-67 所示的选区。

49. 执行【编辑】/【贴入】命令，将刚才复制的空调图片贴入当前的选区内，并调整空调图片的大小，调整后的空调图片如图 9-68 所示。

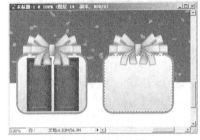

图9-67 添加的选区　　　　　　　　　　图9-68 空调图片

50. 按 Ctrl+O 组合键，将教学辅助资料中"图库\项目九"目录下名为"家具.jpg"的图片文件打开，用与步骤 47～步骤 49 相同的方法，制作如图 9-69 所示的效果。

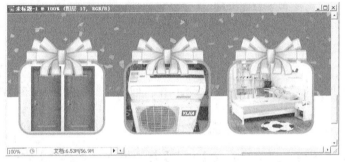

图9-69 家具图片贴入后的效果

51. 选择 T 工具，在画面中依次输入图 9-70 所示的文字。

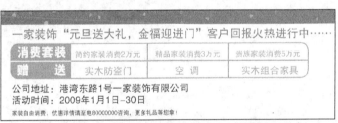

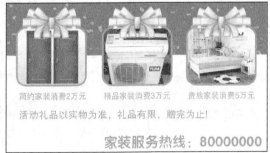

图9-70 输入的文字

至此，一家装饰公司的报纸稿就设计完成了，整体效果如图 9-71 所示。

图9-71 设计完成的报纸广告

52. 按 Ctrl+S 组合键，将此文件命名为"家装报纸广告.psd"保存。

项目实训

参考本项目范例的操作过程，请读者设计出下面的汽车销售和房产销售报纸广告。

实训一 汽车销售报纸广告设计

要求：灵活运用图层、图层蒙版及【文字】工具和【图层样式】命令设计如图 9-72 所示的汽车销售的报纸广告。

图9-72 设计完成的汽车报纸广告

【步骤解析】

本实训的操作非常简单，用到的工具和菜单命令都已在前面学过，读者独立进行设计。在设计标志有"周年店庆"文字时要注意【图层样式】命令的灵活运用。

实训二　商场宣传的报纸稿设计

要求：灵活运用【贴入】命令、图层蒙版、选区工具、【文字】工具及移动复制操作，设计如图 9-73 所示的房地产报纸稿。

图9-73　设计完成的房地产报纸稿

【步骤解析】

1. 将教学辅助资料中"图库\项目九"目录下名为"底图.jpg"、"框架.psd"、"雪景.jpg"、"高楼.jpg"和"海鸥.psd"的图片文件打开，并进行合成。

2. 利用 T 工具输入文字，然后利用 ⚪ 工具及移动复制操作，绘制出圆形即可完成房地产报纸稿的设计。

项目小结

本项目主要学习了一家装饰公司的报纸广告设计。通过本项目的学习，希望读者能对报纸广告的设计过程和创意形式有所了解，并对用过的工具及菜单命令熟练掌握。同时，也希望读者能多留意一些成功的广告作品，从中得到更深的启发，以助于自己设计能力的提高，使自己的设计才华在今后的工作中最大化体现。

思考与练习

1.　利用【矩形选框】工具、【椭圆选框】工具、调整层、【文字】工具和【直线】工具，设计如图 9-74 所示的房地产报纸广告。

图9-74 设计的房地产报纸广告

2. 综合运用各种工具按钮及菜单命令设计如图 9-75 所示的报纸广告。

图9-75 设计的房地产报纸广告

包装不仅是保护商品的容器，也是表现商品价值的重要手段。产品包装的最终目的是向消费者传递商品信息，树立良好的企业形象，同时对商品起到保护、美化和宣传的作用，以提高商品在同类产品中的竞争力。在设计包装时，首先要注意美观、实用、健康，并且要根据产品的特性和不同的消费人群分别采用不同的艺术处理方法。

本项目介绍"草莓糖"糖果的包装设计，设计完成的效果如图 10-1 所示。

图10-1 设计完成的包装效果

学习目标

了解包装设计的方法与技巧。

掌握参考线精确位置添加的方法。

掌握制作投影效果的方法。

掌握利用路径擦除图像制作锯齿效果的方法。

掌握利用【图层样式】命令制作封边的方法。

【设计思路】

这是一个糖果包装盒设计，颜色采用了紫红色，象征草莓颜色，包装盒正面的水花象征浓浓的草莓汁。正面内容"草莓糖"名字醒目突出，公司名称、净含量以及糖果的主要营养成份都包含其中。在包装盒的侧面要放置食品名称、配料、生产日期、保质期、产品型号、食品生产许可证等等一些有关的文字内容。

任务一 设计包装正面

本任务首先来设计"草莓糖"糖果包装平面展开图中的正面图形。

【步骤图解】

糖果包装盒正面图形的制作过程示意图如图 10-2 所示。

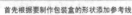

图10-2 糖果包装盒正面图形的制作过程示意图

【制作思路】

- 新建图形文件后，根据要绘制包装的形状依次添加参考线。
- 然后利用【矩形选框】工具、【椭圆选框】工具、【路径】工具及【渐变】工具、【图层样式】命令，绘制正面图形的背景及装饰图形。
- 再灵活运用【文字】工具、【图层样式】命令及【自由变换】命令，制作正面图形中的文字。
- 最后利用合并图层操作及【图层】/【新建】/【从图层建立组】命令将图层合并并群组，调整合并图层的位置，即可完成包装的正面图形。

【步骤解析】

1. 新建一个【宽度】为"25 厘米"、【高度】为"32 厘米"、【分辨率】为"150 像素/英寸"、【颜色模式】为"RGB 颜色"、【背景内容】为"白色"的文件，然后为"背景"层填充上浅灰色（R:226,G:226,B:226）。
2. 执行【视图】/【新建参考线】命令，在弹出的【新建参考线】对话框中设置参数如图 10-3 所示，然后单击 确定 按钮。

3. 用与步骤 2 相同的方法，在垂直方向"5 厘米"、"20 厘米"、"24 厘米"、"25 厘米"和水平方向"1 厘米"、"6 厘米"、"16 厘米"、"21 厘米"、"31 厘米"位置处添加参考线，然后单击 确定 按钮，画面中添加的参考线如图 10-4 所示。

> 在绘制或移动图形的过程中，利用标尺和参考线可以精确地对图形进行定位和对齐。执行【视图】/【标尺】命令，可在图像文件中显示或隐藏标尺；执行【视图】/【新建参考线】命令，在弹出的【新建参考线】对话框中精确设置参考线的位置。

4. 新建"图层 1"，利用 ⬚ 工具，绘制出如图 10-5 所示的矩形选区。

图10-3 【新建参考线】对话框　　　　图10-4 添加的参考线　　　　图10-5 绘制的矩形选区

5. 利用 ▦ 工具，为选区由上至下填充从粉红色（R:255,G:110,B:175）到白色的线性渐变色，效果如图 10-6 所示，然后按 Ctrl+D 组合键，将选区去除。

6. 利用 ✎ 工具和 ▷ 工具，在画面的下方位置绘制并调整出如图 10-7 所示的钢笔路径，然后按 Ctrl+Enter 组合键，将路径转换为选区。

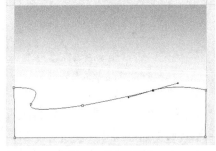

图10-6 填充渐变色后的效果　　　　　　图10-7 绘制的路径

7. 新建"图层 2"，为选区填充上洋红色（R:238,B:140），效果如图 10-8 所示，然后按 Ctrl+D 组合键，将选区去除。

8. 将"图层 2"复制生成为"图层 2 副本"层，再单击【图层】面板上方的 ▨ 按钮，锁定复制出图层中的透明像素，然后为其填充上浅粉色（R:255,G:193,B:220）。

9. 将"图层 2 副本"调整至"图层 2"的下方位置，然后将"图层 2 副本"中的图形垂直向上移动至如图 10-9 所示的位置。

10. 按 Ctrl+O 组合键，将教学辅助资料中"图库\项目十"目录下名为"滴水.psd"的图像文件打开，然后将其移动复制到新建文件中生成"图层 3"，并将其调整至"图层 2 副本"的下方位置。

图10-8　填充颜色后的效果

图10-9　图形放置的位置

11. 将"滴水"图片调整大小后放置到如图 10-10 所示的位置。

12. 新建"图层 4"，选择 ◯ 工具，按住 Shift 键，绘制出如图 10-11 所示的粉红色 （R:255G:185,B:215）圆形，然后按 Ctrl+D 组合键，将选区去除。

图10-10　图片放置的位置

图10-11　绘制的图形

13. 用与步骤 12 相同的方法，依次绘制出如图 10-12 所示的粉红色圆形。

14. 在"图层 3"的下方新建"图层 5"，利用 ◊ 工具和 ↖ 工具，绘制并调整出如图 10-13 所示的钢笔路径，然后按 Ctrl+Enter 组合键，将路径转换为选区。

图10-12　绘制的图形

图10-13　绘制的路径

15. 选择 ▢ 工具，单击属性栏中 ▬▬▬ 的颜色条部分，在弹出【渐变编辑器】对话框中 设置颜色参数如图 10-14 所示，然后单击 确定 按钮。

16. 在选区内由左至右拖曳鼠标，为其填充设置的线性渐变色，效果如图 10-15 所示，然后 按 Ctrl+D 组合键，将选区去除。

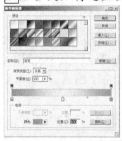

图10-14　【渐变编辑器】对话框

图10-15　填充渐变色后的效果

17. 执行【图层】/【图层样式】/【混合选项】命令，在弹出的【图层样式】对话框中设置
    参数如图 10-16 所示。

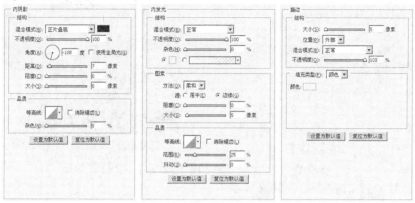

图10-16 【图层样式】对话框

18. 单击 __确定__ 按钮，添加图层样式后的图形效果如图 10-17 所示。

19. 新建"图层 6"，利用 和 工具，绘制并调整出如图 10-18 所示的钢笔路径，然后
    按 Ctrl+Enter 组合键，将路径转换为选区。

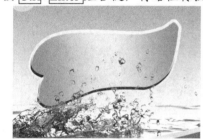

图10-17 添加图层样式后的图形效果

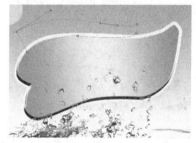

图10-18 绘制的路径

20. 选择 工具，设置渐变颜色参数如图 10-19 所示，然后单击 __确定__ 按钮。

21. 在选区内由左至右拖曳鼠标，为其填充设置的线性渐变色，效果如图 10-20 所示，然后
    按 Ctrl+D 组合键，将选区去除。

图10-19 【渐变编辑器】对话框

图10-20 填充渐变色后的图形效果

22. 执行【图层】/【图层样式】/【投影】命令，在弹出的【图层样式】对话框中设置参数
    如图 10-21 所示。

23. 单击 __确定__ 按钮，添加投影样式后的图形效果如图 10-22 所示。

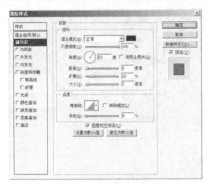

图10-21 【图层样式】对话框

图10-22 添加投影样式后的图形效果

24. 新建"图层 7"，用与步骤 19~步骤 21 相同的方法，绘制出如图 10-23 所示的结构图形，然后按 Ctrl+D 组合键，将选区去除。

25. 新建"图层 8"，利用 和 工具，在画面的下方位置绘制并调整出如图 10-24 所示的钢笔路径，然后按 Ctrl+Enter 组合键，将路径转换为选区。

图10-23 绘制的图形

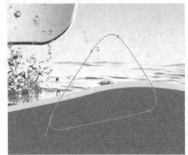

图10-24 绘制的路径

26. 选择 工具，设置渐变颜色参数如图 10-25 所示，然后单击 确定 按钮。

27. 在选区内由左至右拖曳鼠标，为其填充设置的线性渐变色，效果如图 10-26 所示，然后按 Ctrl+D 组合键，将选区去除。

图10-25 【渐变编辑器】对话框

图10-26 填充渐变色后的效果

28. 新建"图层 9"，利用 和 工具绘制出如图 10-27 所示的浅黄色（R:255,G:240,B:145）图形，然后按 Ctrl+D 组合键，将选区去除。

29. 利用 T 工具，输入如图 10-28 所示的白色文字。

30. 执行【图层】/【图层样式】/【混合选项】命令，在弹出的【图层样式】对话框中设置参数如图 10-29 所示。

图10-27　绘制的图形　　　　　　　　　　　　　　　　图10-28　输入的文字

图10-29　【图层样式】对话框

31. 单击　　确定　　按钮，添加图层样式后的文字效果如图 10-30 所示。

32. 执行【图层】/【栅格化】/【文字】命令，将文字层转换为普通层，然后利用 ▢ 工具
    及结合【编辑】/【自由变换】命令，将文字调整至如图 10-31 所示的形态。

图10-30　添加图层样式后的文字效果　　　　　　　　　图10-31　调整后的文字形态

33. 利用 T 工具，依次输入如图 10-32 所示的英文字母。

34. 将 "caomeitangxilie" 文字层设置为当前层，再按 Ctrl+T 组合键，为文字添加自由变形
    框，并将其调整至如图 10-33 所示的形态，然后按 Enter 键，确认文字的变换操作。

图10-32　输入的文字　　　　　　　　　　　　　　　　图10-33　调整后的文字形态

35. 将 "CLUCOSE" 文字层设置为当前层，然后单击属性栏中的 ▨ 按钮，在弹出的【变形

207

文字】对话框中设置参数如图 10-34 所示。

36. 单击 确定 按钮，变形后的文字形态如图 10-35 所示。

图10-34 【变形文字】对话框

图10-35 变形后的文字形态

37. 按 Ctrl+T 组合键，为文字添加自由变形框，并将其调整至如图 10-36 所示的形态，然后按 Enter 键，确认文字的变换操作。

38. 用与步骤 33～步骤 34 相同的方法，依次输入如图 10-37 所示的白色倾斜文字。

图10-36 调整后的文字形态

图10-37 输入的文字

39. 利用【图层】/【图层样式】/【描边】命令，为步骤 38 中输入的白色文字添加描边样式，添加描边样式后的文字效果如图 10-38 所示。

40. 利用 T 工具，依次输入如图 10-39 所示的文字。

图10-38 添加描边样式后的文字效果

图10-39 输入的文字

41. 将"益康 YIKANG"文字层设置为当前层，然后执行【图层】/【图层样式】/【描边】命令，在弹出的【图层样式】对话框中设置参数如图 10-40 所示。

42. 单击 确定 按钮，添加描边样式后的文字效果如图 10-41 所示。

图10-40 【图层样式】对话框

图10-41 添加描边样式后的文字效果

43. 利用 $\boxed{T}$ 工具，依次输入如图 10-42 所示的文字。

44. 将除"背景"层外的所有图层同时选择，再按 $\boxed{Ctrl}+\boxed{Alt}+\boxed{E}$ 组合键，将选择的图层复制后合并为"图层 4（合并）"层，并将其命名为"图层 10"，然后将复制出的图像移动至如图 10-43 所示的位置。

图10-42　输入的文字　　　　　　　　　　　图10-43　复制出的图像放置的位置

45. 将除"背景"层外的所有图层同时选择，然后执行【图层】/【新建】/【从图层建立组】命令，弹出【从图层新建组】对话框，在【名称】文本框中输入"正面"。

46. 单击 $\boxed{\quad 确定 \quad}$ 按钮，将选择的图层建立名称为"正面"的图层组。

47. 至此，包装盒正面图形就制作完成了。按 $\boxed{Ctrl}+\boxed{S}$ 组合键，将此文件命名为"包装设计平面展开图.psd"保存。

任务二　制作平面展开图

下面在制作包装盒正面图形的基础上，绘制包装盒的其他面，完成平面展开图的制作。

【步骤图解】

糖果包装盒平面展开图的制作过程示意图如图 10-44 所示。

绘制其他面及封口图形　　　　　　　　依次输入相关文字，即可完成平面展开图

图10-44　包装盒平面展开图的制作过程示意图

【制作思路】

- 利用【矩形选框】工具绘制侧面图形，然后利用【矩形选框】工具结合【编辑】/【变换】/【透视】命令制作出封口图形。
- 灵活运用【文字】工具依次输入文字，即可完成包装盒平面展开图的制作。

【步骤解析】

1. 接上例。新建"图层 11"，然后利用 ▣ 工具，依次绘制出如图 10-45 所示的洋红色（R:238,B:140）矩形。

2. 新建"图层 12"，然后利用 ▣ 工具，绘制出如图 10-46 所示的白色矩形。

图10-45 绘制的图形

图10-46 绘制的图形

3. 执行【编辑】/【变换】/【透视】命令，为白色矩形添加透视变形框，并将其调整至如图 10-47 所示的形态，然后按 Enter 键，确认图形的透视变换操作。

4. 用与步骤 2～步骤 3 相同的方法，依次绘制并调整出如图 10-48 所示的图形。

图10-47 调整后的图形形态

图10-48 绘制的图形

5. 新建"图层 13"，利用 ▣ 工具，在下方侧面图形上绘制出如图 10-49 所示的矩形选区。

6. 执行【编辑】/【描边】命令，在弹出的【描边】对话框中设置参数如图 10-50 所示。

7. 单击 确定 按钮，描边后的效果如图 10-51 所示。然后按 Ctrl+D 组合键，将选区去除。

8. 选择 ✐ 工具，激活属性栏中的 ▫ 按钮，并将 粗细 2 px 的参数设置为"2 px"，然后按住 Shift 键，绘制出如图 10-52 所示的直线。

图10-49　绘制的选区

图10-50　【描边】对话框

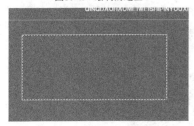

图10-51　描边后的效果

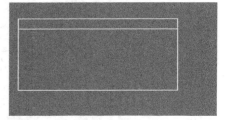

图10-52　绘制的直线

9.　利用 $\boxed{\text{T}}$ 工具，依次输入如图 10-53 所示的文字。

图10-53　输入的文字

10.　按 $\boxed{\text{Ctrl}}+\boxed{\text{O}}$ 组合键，将教学辅助资料中"图库\项目十"目录下名为"图标.psd"的图像文件打开，然后将其移动复制到新建文件中生成"图层 14"，并调整至合适的大小后放置到如图 10-54 所示的位置。

图10-54　图片放置的位置

11.　利用 $\boxed{\text{T}}$ 工具，在最上方的侧面图形中依次输入如图 10-55 所示的白色文字。

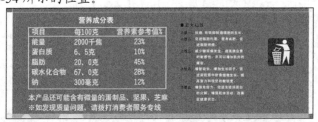

图10-55　输入的文字

至此，糖果包装的平面展开图已设计完成，整体效果如图 10-56 所示。

图10-56　设计完成的糖果包装平面展开图

12. 按 Ctrl+S 组合键，将文件保存。

任务三　制作包装立体效果图

下面利用制作完成的包装盒平面展开图来制作包装盒的立体效果。在制作过程中，读者要掌握利用【自由变换】命令进行透视变形的方法以及投影效果的制作。

【步骤图解】

包装盒的立体效果制作过程示意图如图 10-57 所示。

利用【自由变换】命令将各个面进行组合并进行透视变形调整　　　绘制线形制作相交面的高光效果，再制作投影，即可完成立体效果

图10-57　包装盒的立体效果制作过程分析图

【制作思路】

- 新建文件后，利用【渐变】工具制作渐变背景。
- 利用【矩形】工具和【移动】工具，并结合【编辑】/【变换】/【扭曲】命令和【图像】/【调整】/【色相/饱和度】命令制作出包装盒的立体效果。
- 利用【编辑】/【变换】/【垂直翻转】命令，并结合【添加图层蒙版】按钮和【画笔】工具制作出包装盒的投影效果，即可完成包装盒立体效果的制作。

【步骤解析】

1. 新建一个【宽度】为"30 厘米"、【高度】为"18 厘米"、【分辨率】为"120 像素/英寸"、【颜色模式】为"RGB 颜色"、【背景内容】为"白色"的文件。

2. 将前景色设置为暗蓝色（G:25,B:45），背景色设置为蓝色（G:70,B:135），然后利用 工具为"背景"层由上至下填充设置的线性渐变色。

3. 将"包装设计平面展开图.psd"文件置为工作状态，再将"背景"层隐藏，然后按 Shift+Ctrl+Alt+E 组合键盖印图层，生成"图层 15"。

4. 利用 工具，绘制出如图 10-58 所示的矩形选区，将包装的正面选择，然后将其移动复制到新建文件中生成"图层 1"。

5. 按 Ctrl+T 组合键，为"图层 1"中的图形添加自由变换框，再按住 Ctrl 键，将其调整至如图 10-59 所示的透视形态，然后按 Enter 键，确认图形的透视变形操作。

6. 将"包装设计平面展开图.psd"文件设置为工作状态，利用 工具，绘制出如图 10-60 所示的矩形选区，将包装左侧的侧面图形选择，然后将其移动复制到新建文件中生成"图层 2"。

图10-58 绘制的选区

图10-59 调整后的图形形态

7. 按 Ctrl+T 组合键，为"图层 2"中的图形添加自由变换框，再按住 Ctrl 键，将其调整至如图 10-61 所示的透视形态，然后按 Enter 键，确认图形的透视变形操作。

图10-60 绘制的选区

图10-61 调整后的图形形态

8. 用与步骤 6～步骤 7 相同的方法，将包装的顶面图形移动复制到新建文件中生成"图层 3"，并将其调整至如图 10-62 所示的形态，然后按 Enter 键，确认图形的透视变形操作。

9. 将"图层 2"设置为当前层，按 Ctrl+M 组合键，在弹出的【曲线】对话框中的调整曲线形态如图 10-63 所示。

图10-62 调整后的图形形态

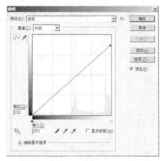

图10-63 【曲线】对话框

10. 单击 确定 按钮，调整后的效果如图 10-64 所示。

11. 将"图层 3"设置为当前层，再按 Ctrl+M 组合键，在弹出的【曲线】对话框中的调整曲线形态如图 10-65 所示。

图10-64 调整后的效果

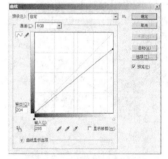

图10-65 【曲线】对话框

12. 单击 确定 按钮，调整后的效果如图 10-66 所示。

13. 新建"图层 4"，然后将前景色设置为白色。

14. 选择 ✏ 工具，激活属性栏中的 □ 按钮，并将 粗细：2 px 的参数设置为"2 px"，然后沿包装盒中面和面的结构转折位置绘制出如图 10-67 所示的直线。

图10-66 调整后的效果

图10-67 绘制的直线

15. 执行【滤镜】/【模糊】/【高斯模糊】命令，在弹出的【高斯模糊】对话框中将【半径】参数设置为"3 像素"，然后单击 确定 按钮，执行【高斯模糊】命令后的效果如图 10-68 所示。

下面我们来制作包装盒的投影效果。

16. 将"图层 1"复制为"图层 1 副本"层，然后执行【编辑】/【变换】/【垂直翻转】命令，将复制的图形垂直翻转，再利用【自由变换】命令将其调整至如图 10-69 所示的形态。

图10-68　执行【高斯模糊】命令后的效果

图10-69　绘制的选区

17. 按 Enter 键确认图形的调整，然后单击【图层】面板下方的 按钮为其添加图层蒙版，利用 工具为蒙版填充由黑色到白色的线性渐变色，效果如图 10-70 所示。

18. 用与步骤 19～步骤 20 相同的方法，制作出侧面图形的投影效果，如图 10-71 所示。

图10-70　调整后的图形形态

图10-71　编辑蒙版后的效果

19. 按 Ctrl+S 组合键，将文件命名为"包装立体效果图.psd"保存。

【视野拓展】——包装设计的基础知识

在学习包装设计之前，首先介绍一下包装设计的基础知识，包括包装概述、包装分类、包装设计的功能等内容。

一、　包装概述

包装是现代商品不可缺少的重要组成部分。

每个国家对包装都有简洁明了的定义，如英国认为"包装是为货物的运输和销售所作的艺术、科学和技术上的准备工作"。美国认为"包装是为商品的运出和销售所作的准备行为"。加拿大认为"包装是将商品由供应者送达顾客或消费者手中而能保持商品完好状态的工具"。而我国对包装下的定义是：为在流通过程中保护商品、方便储运、促进销售，按一定技术方法而采用的容器、材料及辅助物等的总称。

在人们的生活消费中，约有六成以上的消费者是根据商品的包装来选择购买商品的。由此可见，有商品的"第一印象"之称的包装，在市场销售中发挥着越来越重要的作用。

随着市场竞争的日益激烈，包装对一个企业而言，已经不再是为单纯的包装而包装了，而是含有了其实现商业目的、使商品增值的一系列经济活动。

在包装设计运作之前，首先应完成一系列的市场调查，进行消费对象及其心理分析，完成对整个商品的企划及投资分析，通过包装去树立企业品牌，促进商品的销售和在同类商品中的竞争优势，增加商品的附加值。这种包装设计前的市场调查是一种前包装意识上的理念，它将会指导包装设计的整个过程，避免包装设计中的随意性，避免企业盲目的经济上的投资。包装从设计、印刷、制作到成品包装完成，称之为有形的功能包装。包装之后的商品不但需要尽快地投入到市场中，而且通过大量的商业活动去宣传商品，也是实现包装理念的重要环节。其宣传包括各类广告媒体、营销、服务、信息、网络等各种商业活动手段，整个包装之后的宣传称之为商品的后包装。因此，一个完整的包装概念由商品的前包装、功能包装和商品的后包装 3 个过程组成，任何一个环节都是决定包装成败的关键。

因此，目前市场上的包装不再是原有单一的功能包装，而是包含有科技、文化、艺术和社会心理、生态价值等多种因素的一个"包装系统工程"，更是一种科学的、现代的、商品经济意识的理念。

二、 包装的分类

商品种类繁多，形态各异，包装也就各有特色。依据不同的标准，对包装分类介绍如下。

(1) 按商品内容分类。

商品的种类繁多，一般可分为日用品、食品、烟酒、化妆品、医药、文体、工艺品、化学品、五金家电、纺织品等。

(2) 按包装容器形状分类。

包装容器的形状各异，一般可分为箱、袋、包、桶、筐、捆、罐、缸、瓶等。

(3) 按包装大小分类。

按包装大小可分为个包装、中包装和大包装 3 种。个包装也称内包装或小包装，它与商品直接接触，也是商品走向市场的第一道保护层。个包装一般都陈列在商场或超市的货架上，因此在设计时，要突出体现商品的特性以吸引消费者。中包装主要是为了增强对商品的保护、便于厂家统计数量而对商品进行的组装或套装，比如一箱啤酒是 24 瓶、一捆是 9 瓶、一条香烟是 10 包等。大包装也称外包装或运输包装，它的主要作用也是增加商品在运输中的安全，且便于装卸与统计数量。大包装在设计时相对较简单，一般是标明商品的型号、规格、尺寸、颜色、数量、出厂日期等，再加上一些特殊的视觉符号，比如"小心轻放"、"防潮"、"防火"、"易碎"、"有毒"等。

(4) 按包装材料分类。

不同商品的运输方式与展示效果不同，所以使用的材料也不同。最为常见的有纸制包装、木制品包装、金属制品包装、玻璃制品包装、塑料制品包装、陶瓷制品包装、棉麻和布制品包装等。

三、 包装的功能

下面来介绍一下包装的功能。

(1) 保护功能。

包装不仅要防止商品运输过程中的物理性损坏，如防冲击、防震动、耐压等，还要考虑各种化学性及其他方式的损坏，如一般选择深绿色或深褐色的啤酒瓶来保护啤酒少受光线的照射，使其不易变质。其他一些复合膜材料的包装可以在防潮、防光线辐射等方面起到保护商品不变质的作用。包装的作用不仅要防止由外到内的商品损伤，也要防止商品本身由内到外产生的破坏，如化学品的包装如果达不到要求而发生渗漏，就会对环境造成破坏。

不同的商品对包装的保护时间也是有不同要求的，如红酒的包装就要求提供长时间不变质的保护作用，而即食即用商品的包装则可以运用简单的方式设计制作，但也要考虑使用后的回收与处理。

(2) 方便功能。

方便功能是指便于商品运输与装卸，便于保管与储藏，便于携带与使用，便于回收与废弃处理。同时，要考虑怎样节省消费者的时间，如易开包装等；要考虑包装的空间大小对降低商品流通费用至关重要，如对于周转较快的超市来说，是十分重视货架利用率的，因而更加讲究包装的空间方便性；省力也是不容忽视的设计内容，如果按照人体工程学原理，结合实践经验设计合理的包装，能够节省人的体力消耗，给人一种现代生活的享乐感。

(3) 促销功能。

促销功能是商品包装设计最主要的功能之一。在商场内，不同厂家的同类商品种类繁多，使消费者眼花缭乱，为了在货架上突显自己的商品，就要依靠产品的包装展现其特色，所以设计者在设计包装时必须要在精巧的造型、醒目的商标、得体的文字和明快的色彩等艺术语言方面多下工夫。

四、 包装设计的流程

包装设计的目的是推销商品与宣传企业形象。要解决这方面的问题，就要有科学的营销策略和实施步骤，包装设计的一般流程如图10-72所示。

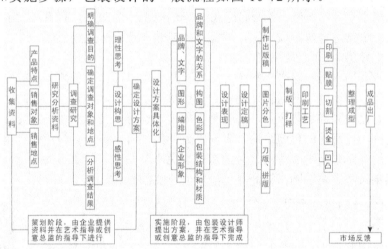

图10-72 包装设计的流程

对于初学包装设计的人员来说，必须了解包装设计的整个流程，因为这是包装设计的基础。在包装设计的各个阶段中，市场调研与设计定位起着非常重要的作用，它们是完成一个成功包装设计的前提。如果离开了市场调研，所有设计的结果只能是纸上谈兵，商品进入商场之后就不能满足市场的需要。所以，市场调研是包装设计最重要的一个环节。

在市场调研的基础上，为了保证创意方案的实施，设计公司一般都会根据设计项目组成设计小组，由创意总监负责设计方案的汇总和协调各种关系，组织人员对包装宣传的内容和结构进行设计方案的研讨，并对商品竞争对手进行研究，做到知己知彼，从而发挥创意的最佳设计优势，提高设计效率。

创意设计阶段要求设计人员尽可能多地准备几套方案，前期一般以草稿的形式表现，但要求尽可能准确地表现出包装的结构特征、文字和图片的编排方式、造型特征、材质的运用等，经过设计小组讨论后，确定创意方案并安排具体的实施方式。

五、 包装设计的基本原则

包装设计一定要遵循醒目、易理解、易产生好感这 3 个基本设计原则。

(1) 醒目。

包装首先要醒目，要能引起消费者的注意，在商场内只有引起消费者注意的商品才有被购买的可能。因此，在设计包装时要在新颖别致的造型、鲜艳夺目的色彩、美观精巧的图案、不同特点的材质上下工夫。

(2) 易理解。

优秀的包装不仅能通过造型、色彩、图案或材质等引起消费者对商品的注意，还要使消费者通过包装来认识和理解包装内的商品。因为消费者购买的目的并不是包装，而是包装内的商品，所以用什么样的形式可以准确、真实地传达包装的实物，是设计者必须要考虑的因素。对于需要突出商品形象的，可以采用全透明包装、在包装容器上开窗展示、绘制商品图形、作简洁的文字说明及印刷彩色的商品图片等方式。

准确地传达商品信息，也要求包装的档次与商品的档次相适应，掩盖或夸大商品的质量、功能等都是失败的包装。如名贵的人参，若用布袋、纸箱包装，消费者就很难通过包装去识别其高档性。

而类似儿童小食品的包装，醒目的色彩、华丽的图案会对儿童有着极大的诱惑力，尽管很多袋内食品的价值与售价不成正比，但类似的包装却迎合了儿童心理。

(3) 易产生好感。

商品给消费者的好感一般来自两个方面。一是实用方面，即包装本身能给消费者带来多大实用上的方便，如给商品的运输、携带、使用等提供方便，这要在包装的大小、多少、精美等方面考虑。比如同样的化妆品，可以是大瓶装，也可以是小盒装，消费者可以根据自己的习惯进行选择。当商品的包装给消费者提供方便的同时，自然会给消费者留下好感。

另一方面的好感来自消费者对包装的造型、色彩、图案、材质等的感觉，因为消费者对商品的第一感觉对决定是否购买该商品起着极为重要的作用。

六、 包装设计的色彩运用

包装设计中的色彩运用是影响消费者视觉最活跃的因素，因此在设计包装时，对不同的商品应采用不同的色彩，色彩的整体效果需要醒目并具有个性，能抓住消费者的视线，通过色彩的变化使消费者产生不同的感受。下面介绍在包装设计中有关色彩的运用。

(1) 确定主色调。

包装色彩的总体感觉是华丽还是质朴、是高贵还是时尚等，都是包装的主色调呈现给人们的印象。主色调是依据颜色的色相、明度、彩度等色彩基本属性体现出来的，如亮调、暗调、纯调、灰调、暖调、冷调等，如图 10-73 所示。

图10-73 包装色彩运用的各种色调

（2）　色彩面积。

除色相、明度、纯度外，色彩面积的大小也是直接影响色调倾向的重要因素。在搭配包装中的色彩时，首先要确定大面积色的运用，大面积色彩在包装的陈列中可以对消费者产生远距离的视觉冲击。如果包装中采用对比色，则两色对比过强时，可以在不改变色相、纯度、明度的情况下，扩大或缩小其中某一种颜色的面积来进行调和，如图 10-74 所示。

主色面积均等不协调的画面　　　　减少红色面积后协调的画面

图10-74　色彩面积对比

（3）　色彩视认度。

色彩在一定环境中被辨认的程度称为色彩视认度。包装中的色彩应用同样需要注意视认度。能清晰地辨认出画在底色上的图形称为高视认度，如图 10-75 所示；反之，看不清楚底色上的图形就是低视认度，如图 10-76 所示。

图10-75　色彩高视认度　　　　　　　　　　　图10-76　色彩低视认度

视认度的高低取决于图形和底色之间的色相明度和彩度差异的大小，图形和底色的差别愈大，视认度也就越高。在色彩应用中色彩视认度的应用顺序一般是黑底白图、白底黑图、黑底黄图、黄底黑图、黄底蓝图、蓝底黄图、蓝底白图、红底白图、白底红图、绿底白图、白底绿图、绿底红图、红底绿图、红底黄图、黄底红图等，如图 10-77 所示。良好的视认度在包装、广告等视觉传达设计中非常重要，初学者一定要注意学习这方面的知识。

图10-77　色彩视认度的应用

（4）　强调色。

强调色是除主色调之外的重点用色，是根据面积和视认度等因素综合考虑的颜色。一般要求在明度和纯度上高于周围的色彩，在面积上则要小于周围的色彩，否则起不到强调作用。强调色一般用在商品名称和标志上面，如图 10-78 所示。

219

图10-78　强调色在包装中的应用

(5) 间隔色。

在应用强烈的对比色时，为了突出某一部分或商品标题，在两种颜色中间采用第 3 种颜色加以间隔或共用，称为间隔色。其作用是加强对比色的协调，减弱对比色的强度。间隔色一般采用偏中性的无彩色黑、白、灰、金、银色为主。当采用有彩色时，要求间隔色与被分离的颜色在色相、明度、纯度上有较大差别。图 10-79 所示为包装设计中的间隔色运用。

图10-79　间隔色在包装中的应用

(6) 渐变色。

渐变色是指一种颜色不同明度的渐变，由一种颜色渐变到另一种颜色或多种颜色之间的过渡协调颜色的变化用色。渐变色具有和谐而丰富的色彩效果，在包装设计的色彩处理中运用较多，图 10-80 所示包装设计中紫颜色的变化，图 10-81 所示包装中绿色到灰色的变化。

图10-80　紫颜色渐变应用

图10-81　绿色到灰色的变化

(7) 对比色。

对比色和强调色不同，对比色主要是在色相和明度上加以对比的用色，这种用色具有强烈的视觉冲击效果，更具有广告性。图 10-82 所示的月饼包装设计中采用的红绿对比色，图 10-83 所示的卫生纸包装设计中采用的黄紫对比色。

图10-82 红绿对比色包装

图10-83 黄紫对比色包装

(8) 象征色。

象征色是根据广大消费者对商品共性认识的一种观念性用色，主要是根据商品的某种特殊的属性来表现，如海产品一般采用象征大海的蓝色，而食品一般采用较鲜艳的黄色、红色或绿色，如图 10-84 所示。

图10-84 象征色包装

(9) 辅助色。

辅助色是与强调色相反的用色，是对主色调或强调色起调和辅助性作用的用色方法，用以加强色调层次，取得包装设计丰富的色彩效果。在设计处理中，要注意辅助色不能喧宾夺主，也不能盲目滥用。

项目实训

参考本项目范例的操作过程，请读者设计出雪糕包装及酒包装盒效果。

实训一 雪糕包装设计

要求：综合运用路径工具、选区工具、【渐变】工具、【画笔】工具及路径的描绘功能和图层蒙版、剪贴蒙版制作雪糕包装效果，如图 10-85 所示。

图10-85 制作完成的包装效果

【设计思路】

该包装采用蓝色和白色色块分割构成样式，构成感强，蓝色象征了雪糕的凉爽，白色象征了雪糕的颜色洁白纯净。浓浓的液体巧克力和草莓混合在一起，给儿童很强的诱惑力。

【步骤解析】

1. 新建文件，为背景层填充灰色（R:160,G:160,B:160），然后利用 ⬕ 工具和 ⬈ 工具绘制出如图 10-86 所示的路径。

2. 将路径转换为选区，并为其填充从天蓝色（R:151,G:201,B:237）到透明的线性渐变色，然后利用 ⬚ 工具选择右侧的一半图形，为其填充蓝色（G:66,B:139）到浅蓝色（R:10,G:139,B:229）的线性渐变色，如图 10-87 所示。

3. 利用 ⬚ 工具及 ▭ 工具绘制出包装上、下的封边图形，如图 10-88 所示。

图10-86 绘制的路径 　　　　　图10-87 填充的渐变色 　　　　　图10-88 绘制的图形

4. 利用 ⬕ 工具在图形上方绘制出如图 10-89 所示的直线路径。

5. 选择 ✐ 工具，设置笔头选项及参数如图 10-90 所示。

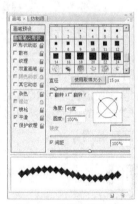

图10-89 绘制的路径 　　　　　　　　图10-90 设置的笔头参数

6. 单击【路径】面板中的 ⭘ 按钮，用设置的笔头对下方图形进行擦除，隐藏路径后的效果如图 10-91 所示。

图10-91 制作的锯齿效果

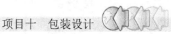

7. 利用 工具依次绘制出如图 10-92 所示的选区。

8. 新建图层，随意填充颜色，然后利用【图层样式】命令为其添加"斜面和浮雕"效果，再将其【填充】参数设置为"0%"，制作出如图 10-93 所示的封边效果。

图10-92 绘制的选区　　　　　　　　　　　　　　　图10-93 制作的封边效果

9. 打开教学辅助资料中"图库\项目十"目录下名为"巧克力 01.jpg"的图片文件，然后将图片移动复制到新建文件中，并放置到图形的下方位置，然后利用图层蒙版及剪贴蒙版制作出如图 10-94 所示的效果。

10. 新建图层，利用 工具对图形的边缘分别进行喷绘黑色和白色，制作出包装的立体效果，如图 10-95 所示。

11. 新建图层，利用 工具和 工具绘制路径，转换为选区后利用 工具在选区内喷绘白色，再去除选区，并利用【滤镜】/【模糊】/【高斯模糊】命令对其进行模糊处理，制作出如图 10-96 所示的高光效果。

图10-94 调整后的图像效果　　　图10-95 喷绘颜色后的效果　　　图10-96 制作的高光效果

12. 依次输入文字，即可完成雪糕的包装设计。

实训二　酒包装设计

要求：综合运用各种工具制作酒包装效果，制作完成的平面展开图及立体效果图如图 10-97 所示。

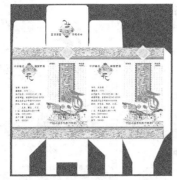

图10-97 制作的酒包装平面展开图及立体效果图

【设计思路】

该包装整体颜色为浅灰色，正面图案是农村老巷子，加上上下两头的银色印刷图案，显得高贵典雅，蕴含着浓浓的乡村酒文化气息。"杏花巷子"文字采用雕刻镂空设计，样式新颖、别出新裁，与下面的吉祥图案结合相得益彰，突出了强烈的民间风味。

【步骤解析】

1. 新建文件后，根据各个面的尺寸位置添加参考线，然后利用 工具、 工具和 工具绘制出包装平面展开图的基本形状，如图 10-98 所示。

2. 利用 工具删除两个透空效果的矩形，如图 10-99 所示。

图10-98 绘制的基本形状

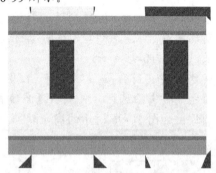

图10-99 删除出的透空图形

3. 利用 工具及移动复制图形的方法，制作出两个透空的边缘具有圆形锯齿效果的图形，如图 10-100 所示。

4. 打开教学辅助资料中"图库\项目十"目录下名为"花纹.jpg"的图片文件，然后将图片移动复制到新建文件中，并放置到基本形状图形的下面，然后为其添加【投影】图层样式，效果如图 10-101 所示。

5. 打开教学辅助资料中"图库\项目十"目录下名为"龙纹图案.psd"的图片文件，将图案选取后移动复制到新建文件中，并利用【图层样式】命令为其添加【投影】及【斜面和浮雕】效果，如图 10-102 所示。

图10-100 制作的锯齿效果

图10-101 复制到画面中的图案

图10-102 制作的浮雕效果

6. 打开教学辅助资料中"图库\项目十"目录下名为"花边图案.psd"的图片文件，复制到新建文件中，并制作如图 10-103 所示的浮雕效果。

7. 打开教学辅助资料中"图库\项目十"目录下名为"兰亭序.psd"和"钢笔画.psd"的图片文件，将其分别移动复制到图 10-104 所示的画面中。注意调整文字透明度并删除镂空位置的文字。

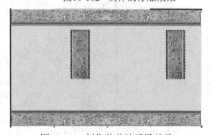

图10-103 制作的花边浮雕效果

8. 利用 T 工具、⬭ 工具和 ▭ 工具及【图层样式】命令分别在画面中输入文字内容，绘制圆形，并制作如图 10-105 所示的效果。

9. 打开教学辅助资料中"图库\项目十"目录下名为"印章.psd"和"龙凤图案.jpg"的图片文件，将它们分别移动复制到包装画面中，并调整至图 10-106 所示的形态及位置。

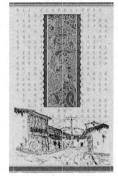

图10-104 文字和钢笔画效果　　　　　图10-105 输入的文字及制作的效果　　　　图10-106 印章和图案调整后的位置

10. 利用 T 工具输入颜色为深灰色（R:83,G:100,B:110）的"酒"字，然后设置图层的【不透明度】参数为"30%"。

11. 为文字添加选区，在"酒"字层的下面新建图层并填充白色，再利用蒙版制作如图 10-107 所示的文字效果。

图10-107 制作的文字效果

12. 利用 ▽ 工具、⬚ 工具和 ▭ 工具绘制如图 10-108 所示的图形，然后利用 T 工具依次输入图 10-109 所示的文字内容。

13. 复制已经制作的文字和图形，旋转角度后放置到图 10-110 所示的包装盒顶面位置，完成酒包装的平面展开图。

图10-108 绘制的图形　　　　　图10-109 输入的文字内容　　　　　图10-110 包装盒顶面文字和图形

14. 根据任务二中制作包装立体效果的方法，先为酒包装制作如图 10-111 所示的立体效果图，然后将两个包装分别合并成两个图层。注意投影层不要合并。

15. 执行【滤镜】/【渲染】/【光照效果】命令，为包装盒设置光照效果，参数设置及调整的灯光光照范围如图 10-112 所示，然后单击 确定 按钮。

图10-111 制作的立体效果图

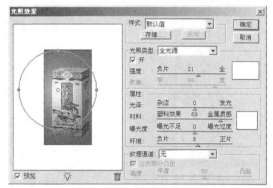
图10-112 【光照效果】对话框

16. 用与步骤15相同的方法为另一个包装盒设置灯光效果，即可完成酒包装立体效果的制作。

 项目小结

　　本项目主要介绍了设计糖果包装的设计方法。通过本项目的学习，希望读者能够了解包装设计的流程，即先绘制包装的平面展开图，然后在平面展开图的基础上制作立体效果。另外，在表现立体效果时，要注意各个面的明暗变化关系，这需要读者深刻理解物体在光源的照射下所体现出来的不同明暗区域的微妙变化。只有仔细观察、深刻理解，才能够绘制出更加逼真的立体效果图。

 思考与练习

1. 灵活运用各种工具及菜单命令制作出如图 10-113 所示的茶叶包装盒效果。

图10-113 制作的包装盒效果

2.　综合运用各种工具按钮及菜单命令，制作出如图 10-114 所示麦片包装效果。

图10-114　制作的包装平面图及立体效果

项目十一

特效制作

应用滤镜可以制作出多种不同的图像特效以及各种类型的艺术效果字。Photoshop 的【滤镜】菜单中共有 100 多种滤镜命令，每个命令都可以单独使图像产生不同的效果，也可以利用滤镜库为图像应用多种滤镜效果。滤镜命令的使用方法非常简单，只要在相应的图像上执行相应的滤镜命令，然后在弹出的对话框中设置不同的选项和参数就可直接出现效果。

本项目以制作特效背景及效果字，来详细介绍【滤镜】命令的使用方法。制作的特效背景及效果字如图 11-1 所示。

特效制作　　　制作的绚丽背景效果　　　　　　　　制作的效果字

图11-1　制作的绚丽背景及效果字

学习目标

了解各种【滤镜】命令的功能。

学会利用【滤镜】菜单命令制作特殊艺术效果的方法。

掌握【定义画笔预设】命令的应用。

掌握【画笔】对话框的选项设置。

学会利用【滤镜】命令制作发射光线效果的方法。

了解【滤镜】/【液化】命令的功能及使用方法。

掌握【组】命令的灵活运用。

掌握图层蒙版及图层混合模式的组合应用。

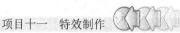

任务一 制作绚丽的背景

本任务灵活运用各种【滤镜】命令及【定义画笔预设】命令来制作绚丽的背景效果。

【步骤图解】

绚丽背景的制作过程示意图如图 11-2 所示。

利用【云彩】命令和图层混合模式制作背景

将六边形图形定义为画笔笔头并喷绘

将喷绘的图形复制并依次进行模糊处理

添加发射光线效果，即可完成背景的制作

图11-2 糖果包装盒正面图形的制作过程示意图

【制作思路】

- 新建图形文件后，利用渐变工具、【滤镜】/【渲染】/【云彩】命令、【滤镜】/【模糊】/【高斯模糊】命令及图层混合模式来制作背景。
- 绘制六边形图形，然后利用【定义画笔预设】命令将其定义为画笔笔头，再利用 ✎ 工具在画面中喷绘六边形图形。
- 复制图层，利用【滤镜】/【模糊】/【高斯模糊】命令进行处理，然后利用【滤镜】/【渲染】/【云彩】命令和图层混合模式、图层蒙版来制作效果以突出方格背景。
- 最后利用【滤镜】/【模糊】/【径向模糊】命令制作发射光线效果，并利用 ✎ 工具喷绘出星光效果，即可完成绚丽背景的制作。

【步骤解析】

1. 新建一个【宽度】为 "25 厘米"、【高度】为 "15 厘米"、【分辨率】为 "150 像素/英寸"、【颜色模式】为 "RGB 颜色"、【背景内容】为 "白色" 的文件。

2. 选择 ▣ 工具，激活属性栏中的 ▣ 按钮，再单击属性栏中 ▰▰▰▰▾ 的颜色条部分，在弹出【渐变编辑器】对话框中设置颜色参数如图 11-3 所示，然后单击 ▭确定▭ 按钮。

3. 在画面的左下角位置，按住鼠标左键并向右上角拖曳，为 "背景层" 填充设置的线性渐变色，效果如图 11-4 所示。

229

图11-3　【渐变编辑器】对话框

图11-4　填充渐变色后的效果

4. 新建"图层 1"，然后按 D 键，将前景色设置为默认的黑色和白色。

5. 执行【滤镜】/【渲染】/【云彩】命令，为"图层 1"添加由前景色和背景色混合而成的云彩效果，如图 11-5 所示。

6. 执行【滤镜】/【模糊】/【高斯模糊】命令，在弹出的【高斯模糊】对话框中设置参数如图 11-6 所示。

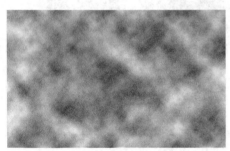

图11-5　添加的云彩效果

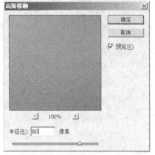

图11-6　【高斯模糊】对话框

7. 单击 _____确定_____ 按钮，执行【高斯模糊】命令后的画面效果如图 11-7 所示。

8. 将"图层 1"的图层混合模式设置为"颜色减淡"，更改混合模式后的画面效果如图 11-8 所示。

图11-7　执行【高斯模糊】命令后的画面效果

图11-8　更改混合模式后的画面效果

9. 新建一个【宽度】为"10 厘米"、【高度】为"10 厘米"、【分辨率】为"150 像素/英寸"、【颜色模式】为"RGB 颜色"、【背景内容】为"透明"的文件。

10. 选择 工具，激活属性栏中的 按钮，并将 边 6 的参数设置为"6"，然后按住 Shift 键，在画面的中心位置按住鼠标左键并向下拖曳，绘制出如图 11-9 所示的黑色六边形图形。

11. 将"图层 1"的【填充】的参数设置为"50%"，降低填充不透明度后的图形效果如图 11-10 所示。

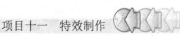

图11-9 绘制的图形

图11-10 降低填充不透明度后的图形效果

12. 执行【图层】/【图层样式】/【描边】命令，在弹出的【图层样式】对话框中设置参数如图 11-11 所示。

13. 单击 确定 按钮，添加描边样式后的图形效果如图 11-12 所示。

图11-11 【图层样式】对话框

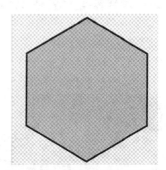

图11-12 添加描边样式后的图形效果

14. 执行【编辑】/【定义画笔预设】命令，在弹出如图 11-13 所示的【画笔名称】对话框中单击 确定 按钮，将六边形图形定义为画笔笔头。

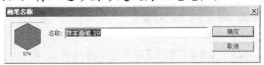

图11-13 【画笔名称】对话框

15. 将"未标题-1"文件设置为工作状态，然后选择 工具，单击属性栏中的 按钮，在弹出的【画笔】面板中选择刚才定义的画笔笔头，然后设置各项参数如图 11-14 所示。

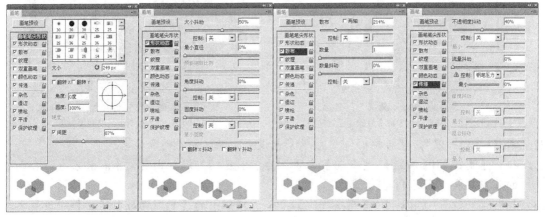

图11-14 【画笔】面板

231

16. 确认前景色为白色，然后在"图层 1"中按住鼠标左键并拖曳，依次喷绘出如图 11-15 所示的六边形图形。

17. 执行【滤镜】/【模糊】/【高斯模糊】命令，在弹出的【高斯模糊】对话框中设置参数 如图 11-16 所示。

图11-15 喷绘出的图形

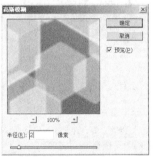
图11-16 【高斯模糊】对话框

18. 单击 确定 按钮，执行【高斯模糊】命令后的画面效果如图 11-17 所示。

19. 将"图层 1"复制生成为"图层 1 副本"，然后执行【滤镜】/【模糊】/【高斯模糊】 命令，在弹出的【高斯模糊】对话框中设置参数如图 11-18 所示。

图11-17 执行【高斯模糊】命令后的画面效果

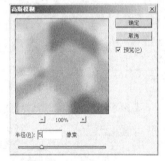
图11-18 【高斯模糊】对话框

20. 单击 确定 按钮，执行【高斯模糊】命令后的画面效果如图 11-19 所示。

21. 将"图层 1 副本"的【不透明度】参数设置为"50%"，降低不透明度后的画面效果 如图 11-20 所示。

图11-19 执行【高斯模糊】命令后的画面效果

图11-20 降低不透明度后的画面效果

22. 新建"图层 2"，然后按 D 键，将前景色设置为默认的黑色和白色。

23. 执行【滤镜】/【渲染】/【云彩】命令，为"图层 2"添加由前景色和背景色混合而成 的云彩效果，如图 11-21 所示。

24. 执行【滤镜】/【模糊】/【高斯模糊】命令，在弹出的【高斯模糊】对话框中设置参数 如图 11-22 所示。

图11-21　添加的云彩效果

图11-22　【高斯模糊】对话框

25. 单击 确定 按钮，执行【高斯模糊】命令后的画面效果如图11-23所示。

26. 将"图层 2"的图层混合模式设置为"颜色加深"，更改混合模式后的画面效果如图11-24所示。

图11-23　执行【高斯模糊】命令后的画面效果

图11-24　更改混合模式后的画面效果

27. 单击【图层】面板下方的 按钮，为"图层 2"添加图层蒙版，然后利用 工具，在画面中的深色区域喷绘黑色编辑蒙版，效果如图11-25所示。

28. 新建"图层 3"，并为其填充上黑色，然后执行【滤镜】/【杂色】/【添加杂色】命令，在弹出的【添加杂色】对话框中设置参数如图11-26所示。

图11-25　编辑蒙版后的画面效果

图11-26　【添加杂色】对话框

29. 单击 确定 按钮，执行【添加杂色】命令后的画面效果如图11-27所示。

30. 执行【滤镜】/【像素化】/【晶格化】命令，在弹出的【晶格化】对话框中设置参数如图11-28所示，然后单击 确定 按钮。

图11-27　执行【添加杂色】命令后的画面效果

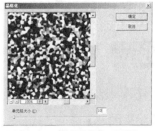

图11-28　【晶格化】对话框

31. 执行【滤镜】/【模糊】/【径向模糊】命令，在弹出的【径向模糊】对话框中设置参数如图 11-29 所示。

32. 单击 确定 按钮，执行【径向模糊】命令后的画面效果如图 11-30 所示。

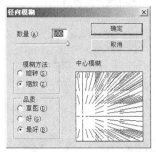

图11-29 【径向模糊】对话框

图11-30 执行【径向模糊】命令后的画面效果

33. 按 Ctrl+F 组合键，重复执行【径向模糊】命令，生成的画面效果如图 11-31 所示。

34. 将"图层 3"的图层混合模式设置为"叠加"，更改混合模式后的画面效果如图 11-32 所示。

图11-31 重复执行【径向模糊】命令后的画面效果

图11-32 更改混合模式后的画面效果

35. 将"图层 1"设置为当前层，然后将前景色设置为白色。

36. 选择 ✏ 工具，通过设置不同的笔头大小，在画面中喷绘出如图 11-33 所示的白色圆点图形。

图11-33 喷绘出的圆点图形

37. 按 Ctrl+S 组合键，将文件命名为"制作绚丽背景效果.psd"保存。

任务二 制作绚丽的文字

本任务灵活运用各种【滤镜】命令及【定义画笔预设】命令来制作特殊效果字。

【步骤图解】

效果字的制作过程示意图如图 11-34 所示。

利用【云彩】命令和图层蒙版制作背景及文字

利用【色彩平衡】命令调整图像的色调

定义画笔笔头并喷绘，然后复制图层进行动感模糊处理

利用【液化】命令对背景进行处理，即可完成效果字的制作

图11-34　效果字的制作过程示意图

【制作思路】

- 新建文件后，灵活运用【画笔】工具、【文字】工具、图层蒙版及【滤镜】/【渲染】/【云彩】命令，制作背景及文字效果。
- 利用【色彩平衡】调整层对图像的色调进行调整。
- 绘制特殊图形，并将其定义为画笔笔头，然后在画面中进行喷绘。
- 将喷绘图形的图层进行复制，进行动感模糊处理。
- 最后利用【滤镜】/【液化】命令，对最下方图形进行液化处理，即可完成效果字的制作。

【步骤解析】

1. 新建一个【宽度】为"25 厘米"、【高度】为"15 厘米"、【分辨率】为"150 像素/英寸"、【颜色模式】为"RGB 颜色"、【背景内容】为"白色"的文件，然后为"背景"层填充上黑色。

2. 新建"图层 1"，然后将前景色设置为白色。

3. 选择 ✐ 工具，在属性栏中设置一个较大的柔化边缘笔头，然后在画面上方的中间位置单击，喷绘出如图 11-35 所示的光晕效果。

4. 按 Ctrl+T 组合键，为光晕添加自由变换框，然后将其调整至如图 11-36 所示的形态，再按 Enter 键，确认图形的变换操作。

图11-35　喷绘出的光晕效果

图11-36　调整后的图形形态

5. 单击【图层】面板下方的 ▣ 按钮，为"图层 1"添加图层蒙版，然后选择 ✐ 工具，在画面中喷绘黑色编辑蒙版，编辑蒙版后的画面效果如图 11-37 所示。

6. 利用 T 工具，输入如图 11-38 所示的灰色（R:170,G:170,B:170）文字。

图11-37 编辑蒙版后的效果　　　　　　　　　　　　图11-38 输入的文字

7. 将"时尚新起点"文字层复制生成为"时尚新起点 副本"层，然后将"时尚新起点"层设置为当前层，并将"时尚新起点 副本"层隐藏。

8. 单击【图层】面板下方的 ▣ 按钮，为"时尚新起点"层添加图层蒙版，然后利用 ✐ 工具，在画面中喷绘黑色编辑蒙版，编辑蒙版后的文字效果如图 11-39 所示。

9. 将"时尚新起点 副本"层显示，并将其设置为当前层，然后执行【图层】/【栅格化】/【文字】命令，将文字层换换为普通层。

10. 执行【滤镜】/【模糊】/【高斯模糊】命令，在弹出的【高斯模糊】对话框中将【半径】的参数设置为"8 像素"，然后单击 ＿确定＿ 按钮。

11. 将"时尚新起点 副本"层的【不透明度】选项的参数设置为"50%"，降低不透明度后的文字效果如图 11-40 所示。

图11-39 编辑蒙版后的文字效果　　　　　　　　　　图11-40 降低不透明度后的文字效果

12. 单击【图层】面板下方的 ▣ 按钮，为"时尚新起点 副本"层添加图层蒙版，然后利用 ✐ 工具，在画面中喷绘黑色编辑蒙版，编辑蒙版后的文字效果如图 11-41 所示。

13. 在"图层 1"下方新建"图层 2"，然后按 D 键，将前景色和背景色设置为默认的黑色和白色。

14. 执行【滤镜】/【渲染】/【云彩】命令，为"图层 2"添加由前景色和背景色混合而成的云彩效果。

15. 利用 ◯ 工具，绘制出如图 11-42 所示的椭圆形选区，再按 Shift+F6 组合键，在弹出的【羽化选区】对话框中将【羽化半径】的参数设置为"100 像素"，然后单击 ＿确定＿ 按钮。

16. 按 Shift+Ctrl+I 组合键，将选区反选，并连续两次按 Delete 键，将选择的内容删除，效果如图 11-43 所示，然后按 Ctrl+D 组合键，将选区去除。

17. 单击【图层】面板下方的 ▣ 按钮，为"图层 2"添加图层蒙版，然后利用 ✐ 工具，在画面中喷绘灰色编辑蒙版，编辑蒙版后的文字效果如图 11-44 所示。

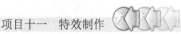

图11-41　编辑蒙版后的文字效果

图11-42　绘制的选区

图11-43　删除后的效果

图11-44　编辑蒙版后的效果

18. 单击【图层】面板下方的 按钮，在弹出的菜单中选择【色彩平衡】命令，在弹出的【调整】面板中设置参数如图 11-45 所示，调整后的效果如图 11-46 所示。

图11-45　【调整】面板

图11-46　调整后的画面效果

19. 新建一个【宽度】为"15 厘米"、【高度】为"15 厘米"、【分辨率】为"150 像素/英寸"、【颜色模式】为"RGB 颜色"、【背景内容】为"白色"的文件。

20. 新建"图层 1"，然后利用 工具，绘制出如图 11-47 所示的黑色菱形图形。

21. 执行【编辑】/【定义画笔预设】命令，在弹出如图 11-48 所示的【画笔名称】对话框中单击 确定 按钮，将当前层中的文字定义为画笔笔头，然后将此文件关闭。

图11-47　绘制的图形

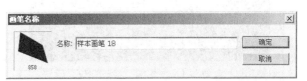

图11-48　【画笔名称】对话框

22. 在"时尚新起点 副本"层的上方新建"图层 3"，然后将前景色设置为白色。
23. 选择 工具，单击属性栏中的 按钮，在弹出的【画笔】面板中设置各选项及参数如图 11-49 所示。

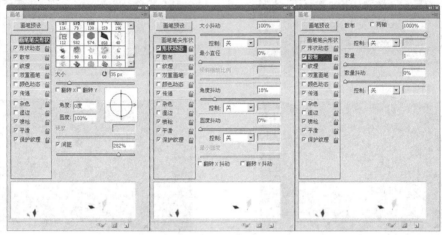

图11-49 【画笔】面板

24. 在画面中按住鼠标左键并拖曳，依次喷绘出如图 11-50 所示的菱形图形。
25. 将"图层 3"复制生成为"图层 3 副本"层，然后执行【滤镜】/【模糊】/【动感模糊】命令，在弹出的【动感模糊】对话框中设置参数如图 11-51 所示。

图11-50 喷绘出的图形

图11-51 【动感模糊】对话框

26. 单击 确定 按钮，执行【动感模糊】命令后的图形效果如图 11-52 所示。
27. 将"图层 3 副本"复制生成为"图层 3 副本 2"层，然后执行【滤镜】/【模糊】/【动感模糊】命令，在弹出的【动感模糊】对话框中设置参数如图 11-53 所示。

图11-52 执行【动感模糊】命令后的图形效果

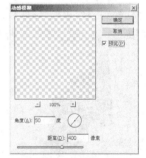

图11-53 【动感模糊】对话框

28. 单击 确定 按钮，执行【动感模糊】命令后的图形效果如图 11-54 所示。

29. 执行【编辑】/【变换】/【水平翻转】命令，将"图层 3 副本 2"中的图形翻转，效果如图 11-55 所示。

图11-54　执行【动感模糊】命令后的图形效果

图11-55　翻转后的图形效果

30. 将"图层 1"设置为当前层，执行【滤镜】/【液化】命令，在弹出的【液化】对话框中选择◇工具，并设置右侧【工具选项】栏的参数如图 11-56 所示，然后在左边的区域中按住鼠标左键并拖曳，将光晕图形制作出一些弯曲的效果。

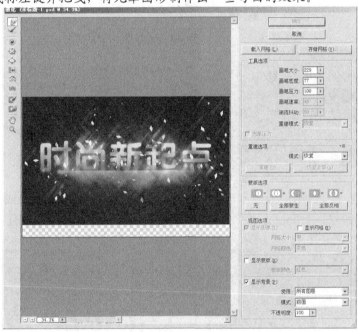

图11-56　【液化】对话框

31. 单击 确定 按钮，执行【液化】命令后的图形效果如图 11-57 所示。

图11-57　执行【液化】命令后的图形效果

32. 按 Ctrl+S 组合键，将文件命名为"制作绚丽文字效果.psd"保存。

【视野拓展】——特效与质感理论知识

视觉或触觉对不同物态（如固态、液态或气态）的特质的感觉，也就是物体表面特征所呈现给人们的视觉或触觉感受称为质感。物体表面的自然特质称天然质感，如空气、水、岩石、竹木等；而对经过人工加工处理后的表现感觉则称人工质感，如砖、陶瓷、玻璃、布匹、塑胶等。不同的质感给人以软硬、虚实、韧脆、粗糙与光滑、透明与不透明等多种感觉。图 11-58 所示为利用 Photoshop CS3 制作完成的不同的质感效果。

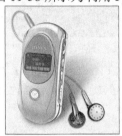

图11-58　利用 Photoshop 制作完成的不同的质感效果

特效是数码艺术设计中的专用术语，是将自然界中的实物、自然现象或虚幻的影像，利用计算机相关设计软件制作完成的。特效虽然不是真实的实景拍摄，但利用计算机技术可以达到以假乱真的效果。图 11-59 所示为利用 Photoshop CS3 制作完成的不同特效。

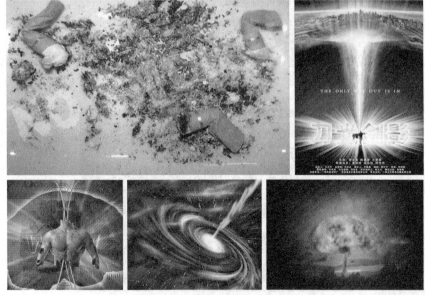

图11-59　利用 Photoshop CS3 制作完成的不同特效

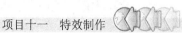

一、 质感的形成

在光线的照射下，物体表面对光线的不同反射、折射和透射效果是形成质感的主要原因。具有光滑表面的平面或曲面物体，可以使来自周围环境的光线产生镜面反射，使人感觉其表面非常光亮，能够反光且能映射出周围的环境。这类物体在生活中非常多见，如光滑的玻璃器皿、不锈钢器皿、大理石地板等，如图 11-60 所示。镜面反射示意图如图 11-61 所示。

图11-60　玻璃器皿、不锈钢器皿、大理石地板

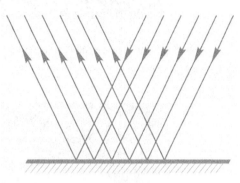

图11-61　镜面反射示意图

表面比较粗糙的物体，可以使来自周围环境的光线产生漫反射，使人感觉其表面是凹凸不平的。这类物体在生活中也比较常见，如毛巾、沙子、老树皮等，如图 11-62 所示。漫反射示意图如图 11-63 所示。

图11-62　表面比较粗糙的物体

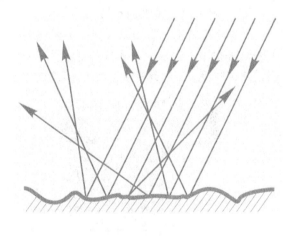

图11-63　漫反射示意图

除了反射特性外，物体对光线透射能力的强弱也是形成物体质感的因素之一。有些物体不但表面光滑，还能够透射光线，如玻璃酒杯等，也有的物体表面光滑但不能透射光线，如瓷器等；有些物体虽然表面粗糙，但也能透射光线，如婚纱、丝巾、网状编制物等。

二、 具有反光特性的物体

在光线的照射下，一般物体都具有反光的现象，其反射光的颜色与物体本身的颜色有一定的关系，比如红色的陶瓷茶杯反射的光是红色，蓝色的玻璃工艺品反射的光就是蓝色，如图 11-64 所示。

图11-64　具有反光特性的物体

在一定的环境中，物体的反光会受到周围环境的影响，如图 11-65 左图中的火锅、白色瓷盘都会反射红色背景的颜色；图 11-65 右图中所示的玻璃杯、不锈钢金属水壶会反射红色苹果的颜色等。

图11-65　玻璃杯、不锈钢金属水壶反射红色苹果的颜色

三、　具有反光特性而不透光的物体

当光线照射到具有反光特性而不透光的物体上时，由于物体的材质、厚度等因素，光线不能穿透物体，且会被光滑的表面反射回去，如光滑的金属、陶瓷、大理石、镜面及油漆涂刷过的物体等。一般这些物体质地都比较坚硬，表面都很光滑，在光线的照射下明暗对比较强烈，如图 11-66 所示。

图11-66　具有反光特性而不透光的物体

四、　具有反射和折射特性的透光物体

不透光物体能完全遮挡光线呈现出不透明的特性，自然界中还有一些不能完全遮挡光线的物体，如水、冰块、塑料、有色玻璃等，这些物体就是透明或半透明的。由于具有透明的特性，因此在一定的光线环境里，这类物体会透射出被其遮挡的物体，如图 11-67 所示。

如果是透明度很高的无色玻璃或水，光线射入后还会发生偏转现象，也就是折射，例如插在水里的筷子经过折射后看起来是弯的。所以在表现这些物体时，就要考虑到这类物体所具有的反射、折射与透光程度等特性。

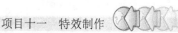

图11-67 具有反射和折射特性的透光物体

五、 具有漫反射特性的不透光物体

山石、树木、土地、沙子、橡胶、编织物等物体在光线照射下，基本没有明显的光线反射现象，其光线反射后的方向是散乱的，没有一定的方向性，这些物体具有漫反射的特性。在表现这类物体的质感时，要在其自身的纹理和质地上找出感觉，通过不同的明暗和色彩深入刻画不同物体的质感魅力。图 11-68 所示就是一些具有漫反射的不透光物体。

图11-68 具有漫反射特性的不透光物体

六、 具有漫反射特性的透光物体

烟雾、云雾、婚纱、丝巾、网状编制物等属于不反光而透光的物体，这些物体可以遮挡部分光线，使覆盖物不被完全照射。婚纱和丝巾一般用来烘托一种温馨、浪漫、朦胧和迷人的氛围，如图 11-69 所示。

图11-69 具有漫反射特性的透光物体

七、 怎样才能表现好质感与特效

在电脑艺术绘画中，要把看到的特效现象和迷人的物体质感通过计算机再现出来，首先需要具备一定的美术知识。因为质感和特效是通过物体的形体、色彩、明暗这 3 个最基本要素体现出来的，没有深厚的美术基础就很难表现出物体的基本形状、透视、明暗、色彩等要

素，也就更无法表现其质感了。只有理解并熟练掌握表现这些基本要素的绘画手法，才能轻松地将需要表现的特效和物体的质感表现出来，也只有这样，才能在将来的电脑绘画艺术和电脑设计艺术中有新的提高。

八、 质感和特效与平面设计的联系

Photoshop CS3 是质感、特效的加工利器。利用它不但可以进行移花接木的图像合成创作，还可将我们所看到、摸到、想到的任何有形或无形的东西绘制出来。图 11-70 所示为利用 Photoshop CS3 绘制出来的质感与特效的图像效果。

图11-70 Photoshop CS3 绘制的质感与特效

在创意设计中经常需要表现质感与特效，因为这样可以使设计的作品获得更加真实的效果、美感和视觉冲击力。图 11-71 所示为不同的质感和特效在不同的设计作品中的应用。

图11-71 质感和特效在作品中的应用

项目实训

参考本项目范例的操作过程，请读者制作出梦幻心形效果及破碎的文字效果。

实训一 制作梦幻心形效果

要求：综合运用选区工具、剪贴蒙版、图层蒙版制作气泡，然后灵活运用图层组、图层混合模式、【不透明度】选项及【滤镜】命令，来制作如图 11-72 所示的梦幻心形效果。

图11-72 制作的梦幻心形效果

【步骤解析】

1. 新建图像文件，利用 █ 工具为背景层填充渐变色，然后利用 █ 工具绘制选区，并利用【羽化选区】命令将选区羽化，羽化后的选区形态如图 11-73 所示。

2. 新建"图层 1"为选区填充上红褐色（R:100,G:25,B:30），然后将选区去除。

3. 新建"图层 2"，利用 ◯ 工具绘制圆形选区，然后为其填充如图 11-74 所示的径向渐变色。

图11-73 羽化后的选区形态

图11-74 填充渐变色后的效果

4. 新建"图层 3"，执行【图层】/【创建剪贴蒙版】命令，将其与下方"图层 2"中的圆形图形创建剪贴蒙版。

说明　将两个或两个以上的图层创建剪贴蒙版后，可用剪贴蒙版中最下方的图层内容来覆盖上面的图层。例如，一个图像的剪贴蒙版中最下方图层为某个形状，中间图层上有纹理，而最上面的图层上有文字，如果将上面的两个图层都定义为剪贴蒙版，则纹理和文本只能通过最下方图层上的形状来显示其内容。

5. 利用 ◯ 工具绘制椭圆形选区，然后为其进行【羽化半径】为 "5 像素" 的羽化处理，再为其填充灰色（R:115,G:115,B:115），效果如图 11-75 所示。

6. 利用 ◊ 工具和 ╲ 工具，绘制出如图 11-76 所示的钢笔路径，然后按 Ctrl+Enter 组合键，将路径转换为选区。

7. 按 Shift+F6 组合键，在弹出的【羽化选区】对话框中将【羽化半径】的参数设置为 "15 像素"，然后单击 确定 按钮。

8. 新建 "图层 4"，并将其【不透明度】的参数设置为 "50%"，然后执行【图层】/【创建剪贴蒙版】命令，将其与下方图形创建剪贴蒙版。

9. 为选区填充白色，效果如图 11-77 所示，然后按 Ctrl+D 组合键，将选区去除。

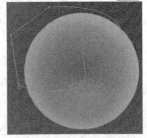

图11-75 填充颜色后的效果　　　　图11-76 绘制的路径　　　　图11-77 填充颜色后的效果

10. 用与步骤 5 相同的方法，绘制出如图 11-78 所示的白色高光图形，然后将选区去除。

11. 利用 ◊ 工具和 ╲ 工具，绘制出如图 11-79 所示的钢笔路径，然后将路径转换为选区。

12. 新建 "图层 6"，为选区填充白色，然后单击【图层】面板下方的 ◻ 按钮，为 "图层 6" 添加图层蒙版，并利用 ✦ 工具，在画面中喷绘黑色编辑蒙版，效果如图 11-80 所示。

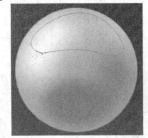

图11-78 绘制的高光图形　　　　图11-79 绘制的路径　　　　图11-80 编辑蒙版后的效果

13. 将 "图层 2" ~ "图层 6" 同时选择，再按 Ctrl+E 组合键，将选择的图层合并为 "图层 2"，得到一个完整的气泡图形。

14. 按 Ctrl+A 组合键，将 "图层 2" 中的内容全部选择，再按 Ctrl+C 组合键，将选择的气泡图形复制到剪贴板中，然后将选区去除。

15. 将 "图层 2" 隐藏，然后利用 ◊ 工具和 ╲ 工具，绘制一个心形路径，作为参照。

16. 单击【图层】面板下方的 ▭ 按钮，新建 "组 1"，然后在 "组 1" 中新建 "图层 3"，并将其图层混合模式设置为 "强光"。

17. 按 Ctrl+V 组合键，将剪贴板中的气泡图形粘贴到 "图层 3" 中，然后将其调整大小后放置到如图 11-81 所示的位置。

18. 将 "图层 3" 依次复制，然后将复制出的气泡图形调整大小后沿心形路径放置到如图 11-82 所示的位置。

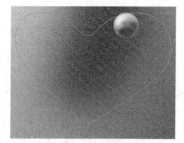

图11-81 图形放置的位置

图11-82 图形放置的位置

19. 新建"组 2"，然后在"组 2"中新建"图层 4"，并将其图层混合模式设置为"柔光"。

20. 用与步骤17～步骤18相同的方法，复制气泡图形并调整大小，效果如图 11-83 所示。

21. 新建"组 3"，然后在"组 3"中新建"图层 5"，并将其图层混合模式设置为"叠加"。

22. 用与步骤17～步骤18相同的方法，复制气泡图形并调整大小，效果如图 11-84 所示。

图11-83 图形放置的位置

图11-84 图形放置的位置

23. 新建"组 4"，然后在"组 4"中新建"图层 6"，并将其图层混合模式设置为"叠加"。

24. 用与步骤17～步骤18相同的方法，复制气泡图形并调整大小，效果如图 11-85 所示。

25. 在【路径】面板中的灰色区域处单击，将路径隐藏，然后新建"图层 7"，并将其【图层混合模式】选项设置为"叠加"模式。

26. 选择 ✐工具，通过设置不同的笔头大小，在画面中喷绘出如图 11-86 所示的白色圆点图形。

图11-85 图形放置的位置

图11-86 喷绘出的圆点

27. 按 Shift+Ctrl+Alt+E 组合键，盖印图层生成"图层 8"，然后执行【滤镜】/【模糊】/【动感模糊】命令，在弹出的【高斯模糊】对话框中设置参数如图 11-87 所示。

28. 单击 确定 按钮，对画面进行动感模糊处理，然后将"图层 8"的图层混合模式设置为"柔光"，【不透明度】的参数设置为"50%"，更改混合模式及不透明度参数后的画面效果如图 11-88 所示。

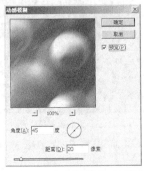

图11-87 【动感模糊】对话框

图11-88 完成的梦幻心形效果

29. 至此，梦幻心形效果制作完成。

实训二　制作破碎文字效果

要求：利用【滤镜】菜单中的【置换】命令，制作如图 11-89 所示的破碎文字效果。

图11-89 制作的破碎文字效果

【步骤解析】

1. 利用 T 工具输入红色的英文字母，然后利用【编辑】/【自由变换】命令，将其倾斜调整。

2. 将输入的文字合并到"背景"层中，然后选择菜单栏中的【滤镜】/【扭曲】/【置换】命令，设置选项及参数如图 11-90 所示。

3. 单击　确定　按钮，弹出【选择一个置换图】对话框，选择素材文件夹中的"纹理.psd"文件，如图 11-91 所示，然后单击 打开(O) 按钮即可。

图11-90 【置换】对话框

图11-91 【选择一个置换图】对话框

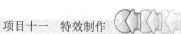

在使用【置换】命令置换文件时，选择的置换图格式必须为".psd"格式。

项目小结

本项目主要对 Photoshop 中的滤镜进行了介绍，通过使用多种【滤镜】命令与图层的灵活运用制作了特殊背景及艺术效果字，这样可以帮助读者更好地理解所用滤镜产生的效果。通过本项目的学习，希望读者能将各滤镜命令掌握，并多加练习，很多艺术效果都是通过多次试验得到的，至于具体的参数设置和运用哪种滤镜命令，并没有一成不变的规律，只有大胆地尝试才能创作出更加漂亮的图像作品。

思考与练习

1. 利用【滤镜】菜单栏中的【云彩】命令、【点状化】命令、【马赛克】命令、【查找边缘】命令及【图像】/【调整】/【曲线】命令来制作如图 11-92 所示的格子背景效果。

2. 综合运用【图层样式】命令结合图层混合模式、图层蒙版、【色阶】调整层及利用【滤镜】命令制作光线发射效果的方法，制作出如图 11-93 所示的效果字。

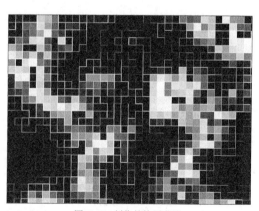

图11-92 制作的格子背景

图11-93 制作的效果字